U0802038

科普总动员

数学源自生活，生活蕴藏智慧。让我们一起来探索奥秘神奇的数学王国吧！

编著：张志伟

奥秘神奇的数学王国

山西出版传媒集团
山西经济出版社

图书在版编目(CIP)数据

奥秘神奇的数学王国 / 张志伟编著. — 太原 : 山西经济出版社, 2017.1
ISBN 978-7-5577-0127-7

Ⅰ. ①奥…　Ⅱ. ①张…　Ⅲ. ①数学—青少年读物　Ⅳ. ①O1-49

中国版本图书馆CIP数据核字（2017）第006288号

奥秘神奇的数学王国
AOMISHENQI DE SHUXUEWANGGUO

编　　著：张志伟
出版策划：吕应征
责任编辑：曹恒轩
装帧设计：蔚蓝风行

出 版 者：山西出版传媒集团·山西经济出版社
社　　址：太原市建设南路 21 号
邮　　编：030012
电　　话：0351-4922133（发行中心）
0351-4922085（总编室）
E-mail：scb@sxjjcb.com（市场部）
zbs@sxjjcb.com（总编室）
网　　址：www.sxjjcb.com

经 销 者：山西出版传媒集团·山西经济出版社
承 印 者：北京荣华世纪印刷有限公司

开　　本：787mm × 1092mm　1/16
印　　张：10
字　　数：150 千字
版　　次：2017 年 1 月　第 1 版
印　　次：2017 年 1 月　第 1 次印刷
书　　号：ISBN 978-7-5577-0127-7
定　　价：29.80 元

前言

■奥秘神奇的数学王国

辽阔无垠的山川大地，苍茫无际的宇宙星空，人类生活在一个充满神奇变化的大千世界中。异彩纷呈的自然科学现象，古往今来曾引发无数人的惊诧和探索，它们不仅是科学家研究的课题，更是青少年渴望了解的知识。通过了解这些知识，可以开阔视野，激发探索自然科学的兴趣。

本书介绍了数学的相关知识，分“数学科学发现”“数学科学应用”“数学学科猜想”三个篇章，通过对数学的起源发展、数学公式定理的介绍、数学在生活中的应用以及未来数学的相关猜想等内容的详细描述，向青少年读者系统地介绍数学知识，使之与课本知识融会贯通，为其更好地学习和掌握枯燥抽象的数学知识提供有益的帮助。全书图文并茂、通俗易懂，并以简洁、鲜明、风趣的标题引发青少年的阅读兴趣。

数学源自于古希腊语，是研究数量、结构、变化以及空间模型等概念的一门科学。通过抽象思维和逻辑推理的使用，在计数、计算、量度和对物体形状及运动的观察中产生。自从人类出现在地球上那天起，人们便在认识世界、改造世界的同时对数学有了逐渐深刻的了解。早在远古时代，古人就有了数量的概念并有“涉猎计数”与“结绳记事”等种种传说。数量的观念发展起来后，简单的计数方法渐渐不能满足生活的需要，人们便尝试把数以符号的形式记录下来，从而具有了“识数”的才能，位置制记数法、印度—阿拉伯数字系统、中国的算筹记数系统等记数方法逐渐产生。随着人类社会的进步，数的语言也不断发展，向量、矩阵、群、域、函数等概念不断涌现，代数、解析几何、微积分等数学学科分支出现，这一系列的发现以及还在不断发现中的学科内容使数学不断趋于完善。数学的发展还不单是内容上的增加，更重要的是新思想、新观点、新方法的出现。如非欧几何、群论带给数学的远不只是新的内容，而是新思想、新观点的引入，它们对数学发展的推动力无可估量。

数学的发展并未只向广度伸展，同时它还向深度开掘。关于数学学术方面的猜想与假设不断涌现，日益引发数学家们的研究兴趣，包括庞加莱猜想、黎曼猜想、四色猜想、哥德巴赫猜想、费马数猜想、角谷猜想、孪生素数猜想、卡迈克猜想、莱默猜想、欧拉猜想、回归数猜想等，这些猜想有的被验证为正确的，并成为定理；有的被验证为错误的；还有一些正在验证过程中。这些猜想是创造数学思想方法的重要途径，是推动数学理论发展的强大动力，它们强烈地吸引数学家全身心投入，积极开展相关研究，从而推动数学发展。数学猜想一旦被证实，就转化为定理，汇入数学理论体系之中，从而丰富数学理论。

数学家华罗庚曾经说过：宇宙之大，粒子之微，火箭之速，化工之巧，地球之变，日用之繁，无处不用数学。这是对数学与生活关系的精彩描述。如今，数学知识和数学思想在工农业生产和人们日常生活中都有极其广泛的应用。譬如，利用算术及统计学知识去银行办理储蓄业务、查收水电费用；利用平面几何的有关知识设计折扇、推拉式自动伸缩门或者运动场跑道直道与弯道的平滑连接；以及利用黄金分割制造兵器、工艺品，平衡膳食结构；利用斐波那契数列研究植物的进化等，都是数学知识在生活中不可缺少的应用。

数学作为人类思维的表达形式，反映了人们积极进取的意志、缜密周详的逻辑推理及对完美境界的追求。它的逻辑和直观、分析和推理、共性和个性，这些互相对立的力量相互作用又综合努力，才构成了数学科学的生命力、可用性和它的崇高价值。

目录

奥秘神奇的数学王国

数学科学发现

□奥秘神奇的数学王国

第1章

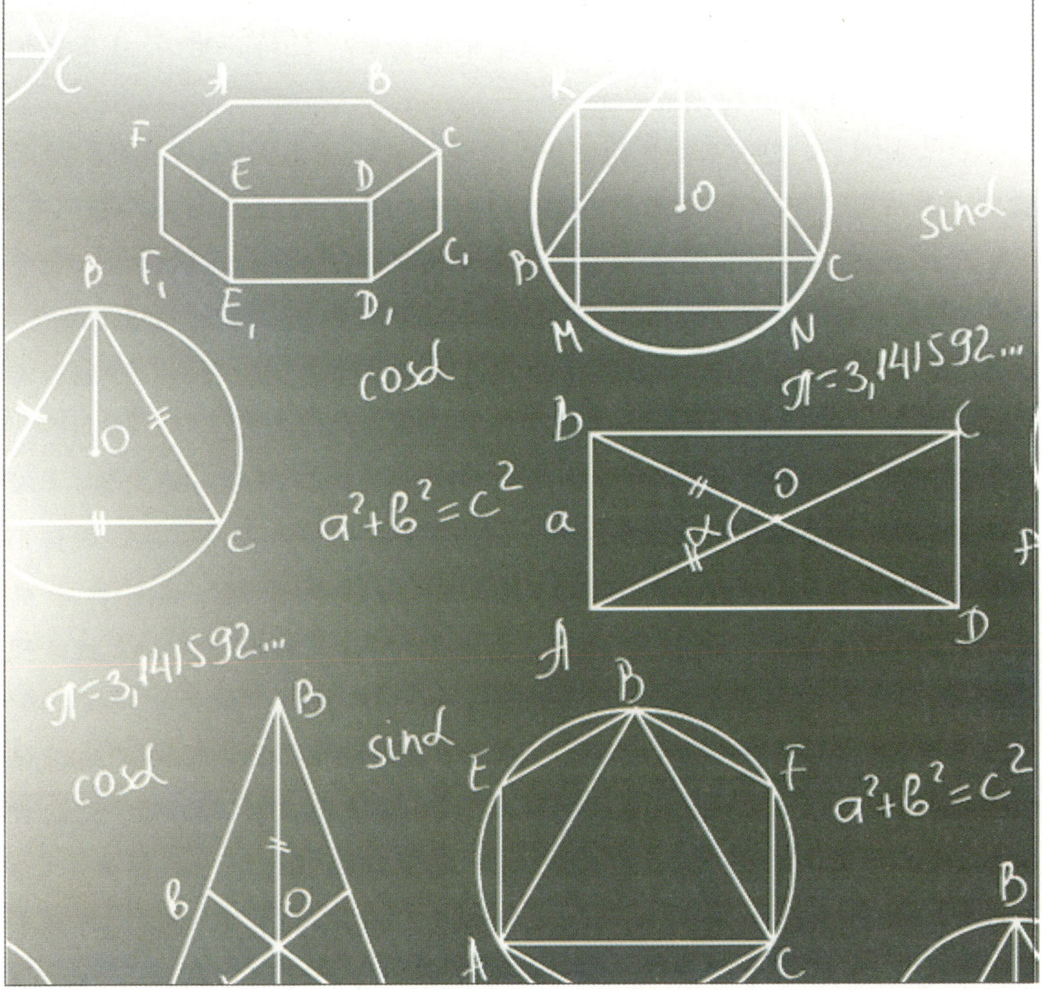

数的起源

科普档案 ●**学术名称**:数觉 ●**定义**:觉察数之有无与数之多少的能力 ●**产生时间**:远古时代

在漫长的生活实践中，由于记事和分配生活用品等方面的需要，古人渐渐产生了数量的概念。但这种方法简单却渐渐不能满足生活的需要，文字出现以后，人们便尝试把数以符号的形式记录下来。

人类究竟在何时和怎样才产生出数的概念的？数的产生,是从离我们极其遥远的人类远古时期开始的。

远古时代,人类并没有数的概念。随着人类的进化,人类发达的大脑对客观世界开始有了理性和抽象的认识，对数也有了朦胧意识和“有”“无”“多”“少”的概念。比如在增添或者去掉东西时,人能够觉察到其中有所变化,会意识到是“多了”或是“少了”。这种觉察数之有无与数之多少的能力,被数学史家称为“数觉”。可以相信,早在进化的蒙昧时期,人类就已经具有这种才能了。

在漫长的生活实践中,由于记事和分配生活用品等方面的需要,古人渐渐产生了数量的概念。他们学会了在捕获一头野兽后用一块石子、一根木头来代表;或者用在绳子上打结代表一头大兽,一个小结代表一头小兽,等等，这就是人们常说的“结绳记事”，也是地球上许多相隔很近的古代人类共同做过的事。我国古书《易经》中有“结绳而治”的记载。传说古代波斯王打仗时也常用绳子打结来

□古埃及关于数的壁画

计算天数。用利器在树皮上或兽皮上刻痕，或用小棍摆在地上计数，这些都是古人常用的办法。

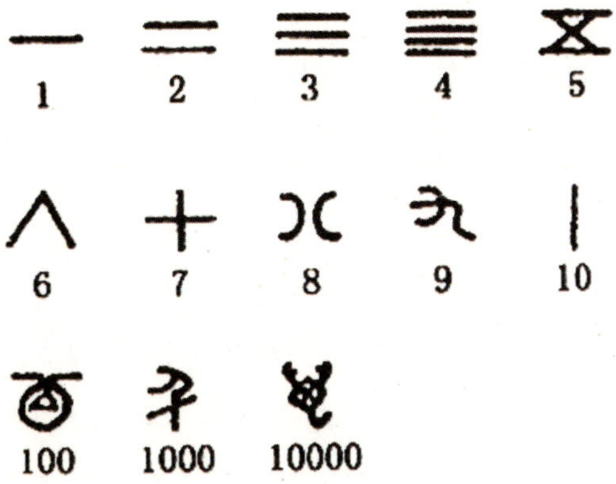

□数字

数量的观念逐渐发展起来，随着捕获手段的提高，所获的野兽越多，绳子的结也越多，需要的数目越大。这种方法简单却渐渐不能满足生活的需要，文字出现以后，人们便尝试把数以符号的形式记录下来。

数的概念最初不论在哪个地区都是从1、2、3、4……这样的自然数开始的，但是记数的符号却各不相同。

古罗马的数字相当进步，现在许多老式挂钟上还常常使用。实际上，罗马数字的符号一共只有7个：I（代表1）、V（代表5）、X（代表10）、L（代表50）、C（代表100）、D（代表500）、M（代表1000）。这7个符号位置上不论怎样变化，它所代表的数字都是不变的。它们按照下列规律组合起来，就能表示任何数：重复次数，一个罗马数字符号重复几次，就表示这个数的几倍，如，“III”表示“3”、“XXX”表示“30”；右加左减，一个代表大数字的符号右边附一个代表小数字的符号，就表示大数字加小数字，如“VI”表示“6”、“DC”表示“600”，一个代表大数字的符号左边附一个代表小数字的符号，就表示大数字减去小数字的数目，如“IV”表示“4”、“XL”表示“40”、“VD”表示“495”；上加横线，在罗马数字上加一横线，表示这个数字的一千倍。

我国古代也很重视记数符号，最古老的甲骨文和钟鼎中都有记数的符号，不过难写难认，后人没有沿用。到春秋战国时期，生产迅速发展，适应这一需要，我们的祖先创造了一种十分重要的计算方法——筹算。筹算用的算筹是竹制的小棍，也有骨制的。按规定的横竖长短顺序摆好，就可用来记数和进行运算。随着筹算的普及，算筹的摆法也就成为记数的符号了。算筹摆法有横纵两式，都能表示同样的数字。

从算筹数码中没有“10”这个数可以清楚地看出，筹算从一开始就严格遵循十进位制。9 位以上的数就要进一位。同一个数字放在百位上就是几百，放在万位上就是几万。这样的计算法在当时是很先进的。因为在世界的其他地方真正使用十进位制时已到了公元 6 世纪末。但筹算数码中开始没有“零”，遇到零就空位。数字中没有零，是很容易发生错误的。所以后来有人把铜钱摆在空位上，以免弄错。直到公元 6 世纪，印度人最早用黑点“·”表示零，后来逐渐变成了“0”。而在我国古代文字中，“零”字出现很早，不过那时它不表示空无所有，而只表示“零碎”、“不多”的意思。如“零头”、“零星”、“零丁”。“一百零五”的意思是在一百之外，还有一个零头五。随着阿拉伯数字的引进，“105”恰恰读作“一百零五”，“零”字与“0”恰好对应，“零”也就具有了“0”的含义。

除了十进制以外，在数学萌芽的早期，还出现过五进制、二进制、三进制、七进制、八进制、十进制、十六进制、二十进制、六十进制等多种数字进制法。在长期实际生活的应用中，十进制最终占了上风。

现在世界通用的数码 1、2、3、4、5、6、7、8、9、0，人们称之为阿拉伯数字。实际上它们是古代印度人最早使用的。后来阿拉伯人把古希腊的数学融进了自己的数学中去，又把这一简便易写的十进制位值记数法传遍了欧洲，逐渐演变成今天的阿拉伯数字。

数的概念、数码的写法和十进制的形成都是人类长期实践的结果。

知识链接

筹　算

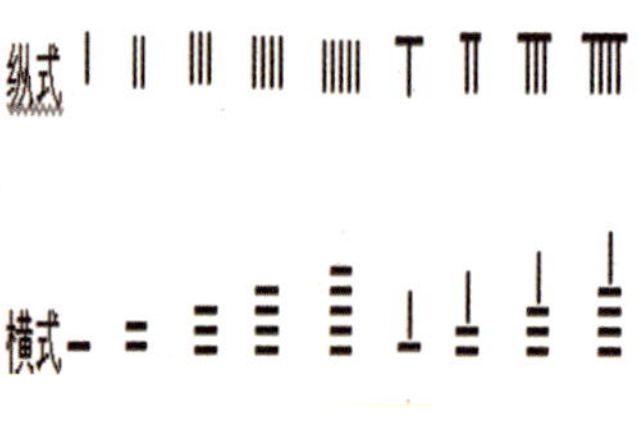

筹算是中国古代使用算筹进行计算的方法。据典籍记录和考古发现，战国初年筹算已出现。它使用中国商代发明的十进位制计数，可以很方便地进行四则运算以及乘方、开方等较复杂运算，并可以对零、负数和分数做出表示与计算。从战国时期一直到明朝被珠算取代之前，筹算不但是中国古代进行日常计算的方法，更是中国古代数学家研究数学时常用的计算器具，是中国古代各种重要数学发明的基础，开创了中国古代以计算为中心的数学体系，区别于古希腊以逻辑推理为中心的数学体系。

数系家族成员的壮大

科普档案 ●**学术名称:**数系 ●**发现学者:**阿基米德 ●**分类:**简单分群数系、有理数系等

回顾数系的历史发展，数系的扩张是在旧的数系之外去构造一个新的代数系，它包含一个与旧代数系同构的子集，这种同构必然保持新旧代数系之间具有完全相同的代数构造。

数,是数学中的基本概念,也是人类文明的重要组成部分。数的概念的每一次扩充都标志着数学的巨大飞跃。一个时代的人们对于数的认识与应用,以及数系理论的完善程度,反映了当时数学发展的水平。今天,我们所应用的数系,已经构造得十分完备和缜密,以至于在科学技术和社会生活的一切领域中,它都成为基本的语言和不可或缺的工具。

人类在进化的蒙昧时期,就具有了一种“识数”的才能,并发明了种种记数方法。随着人类社会的进步,数的语言也在不断发展和完善。数系发展的第一个里程碑出现了——位置制记数法。所谓位置制记数法,就是运用少量的符号,通过它们不同个数的排列,以表示不同的数。引起历史学家、数学史家兴趣的是,在自然环境和社会条件影响下,不同的文明创造了迥然不同的记数方法。如巴比伦的楔形数字系统、埃及象形数字系统、希腊人字母数字系统、玛雅数字系统、印度—阿拉伯数字系统和中国的算筹记数系统。

“0”作为记数法中的空位,在位置制记数的文明中是不可缺少的。早期的巴比伦楔形文字和宋代以前的中国筹算记数法,都是留出空位而没有符号。印度人起初也是用空位表示零,后来记成点号“·”,最后发展为圈号。印度数码在公元8世纪传入阿拉伯国家。13世纪初,意大利的商人斐波那契编著《算经》,把包括零号在内完整的印度数码介绍到了欧洲。印度数码和

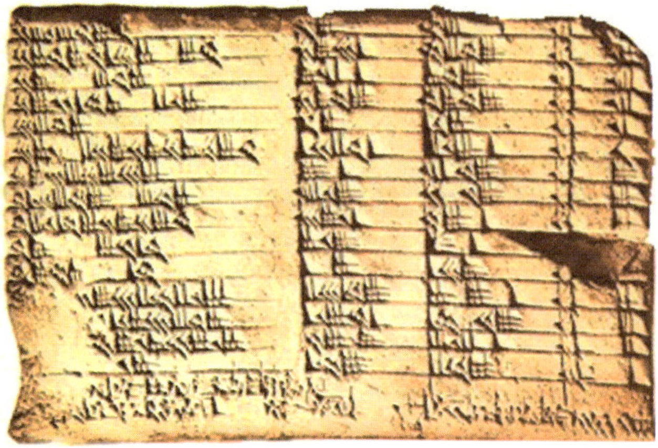

□见证数字历史的证据

10 进位位置制记数法被欧洲人普遍接受后，在欧洲的科学和文明的进步中扮演了重要的角色。

人类第一个认识的数系，就是常说的“自然数系”。但是，随着人类认识的发展，自然数系的缺陷也就逐渐显露出来。首先，自然数系是一个离散的、而不是稠密的数系，因此，作为量的表征，它只能限于去表示一个单位量的整数倍，而无法表示它的部分。同时，作为运算的手段，在自然数系中只能施行加法和乘法，而不能自由地施行它们的逆运算。这些缺陷，由于分数和负数的出现而得以弥补。有趣的是这些分数也都带有强烈的地域特征。巴比伦的分数是六十进位的，埃及采用的是单分数，阿拉伯的分数更加复杂：单分数、主分数和复合分数。这种繁复的分数表示必然导致分数运算方法的繁杂，所以欧洲分数理论长期停滞不前，直到 15 世纪以后才逐步形成现代的分数算法。与之形成鲜明对照的是中国古代在分数理论上的卓越贡献。原始的分数概念来源于对量的分割。但是，《九章算术》中的分数是从除法运算引入的。中国古代分数理论的高明之处是它借助于“齐同术”把握住了分数算法的精髓：通分。而分数系是一个稠密的数系，它对于加、乘、除三种运算是封闭的。为了使得减法运算在数系内也通行无阻，负数的出现就是必然的了。盈余与不足、收入与支出、增加与减少是负数概念在生活中的实例。

负数虽然通过阿拉伯人的著作传到了欧洲，但 16 世纪和 17 世纪的大多数数学家并不承认它们是数，或者即使承认了也并不认为它们是方程的根。如丘凯和斯蒂费尔都把负数说成是荒谬的数，是“无稽之零下”。卡丹把负数作为方程的根，但认为它们是不可能的解，仅仅是一些记号；他把负根称作是虚有的。韦达完全不要负数，巴斯卡则认为从 0 减去 4 纯粹是胡说。

负数是人类第一次越过正数域的范围。在数系发展的历史进程中，现实经验有时不仅无用，反而会成为一种阻碍。

无理数的发现经历了一个漫长的过程。古希腊人把有理数视为是连续衔接的，然而，一条直线上的有理数尽管是“稠密”，但是它却露出了许多“孔隙”，而且这种“孔隙”多得“不可胜数”。15世纪，达·芬奇把它们称为“无理的数”，开普勒称它们是“不可名状”的数。这些“无理”而又“不可名状”的数，虽然在后来的运算中渐渐被使用，但是它们究竟是不是实实在在的数，却一直是个困扰人的问题。中国古代数学在处理开方问题时，也不可避免地碰到无理根数。对于这种“开之不尽”的数，《九章算术》直截了当地“以面命之”予以接受，刘徽注释中的“求其微数”，实际上是用10进小数来无限逼近无理数。

17~18世纪微积分的发展几乎吸引了所有数学家的注意力，恰恰是人们对微积分基础的关注，使得实数域的连续性问题再次凸显出来。因为，微积分是建立在极限运算基础上的变量数学，而极限运算，需要一个封闭的数域。无理数正是实数域连续性的关键。法国数学家柯西给出了回答：无理数是有理数序列的极限。然而按照柯西的极限定义，所谓有理数序列的极限，指预先存在一个确定的数，使它与序列中各数的差值，当序列趋于无穷时，可以任意小。1872年，克莱因提出了著名的“埃尔朗根纲领”，维尔斯特拉斯给出了处处连续但处处不可微函数的著名例子。同时，实数的三大派理论：戴德金“分割”理论、康托的“基本序列”理论以及维尔斯特拉斯的“有界单调序列”理论在德国出现。实数的三大派理论本质上是对无理数给出严格定义，从而建立了完备的实数域。实数域的构造成功，使得两千多年来存在于算术与几何之间的鸿沟得以完全填平，无理数不再是“无理的数”了。

复数概念的进化与无理数的认可同时进行。1545年，此时的欧洲人尚未完全理解负数、无理数，然而他们又面临一个新的“怪物”的挑战，当时人们对复数充满怀疑。直到18世纪，数学家们发现，在数学的推理中间步骤中用了复数，结果都被证明是正确的。特别是1799年，高斯关于“代数基本定理”的证明必须依赖对复数的承认，从而使复数的地位得到了进一步的巩固。1797年，挪威的韦塞尔写了一篇论文“关于方向的分析表示”，试图利用向量来表示复数，遗憾的是这篇文章的重大价值直到1897年译成法文后，才被人们重视。瑞士人阿甘达给出复数的一个稍微不同的几何解释，他注意到负数是正数的一个扩张，它是将方向和大小结合起来得出的。在澄清复数概念的工作中，爱尔兰数学家哈米尔顿是非常重要的。哈米尔顿所关心的是算术的逻辑，并不满足于几何直观。他指出：复数 a+bi 不是 2+3 意义上的一个真正的和，加号的使用是历史的偶然，而 bi 不能加到 a 上去。复数 a+bi 只不过是实数的有序数对(a，b)，并给出了有序数对的四则运算，同时，这些运算满足结合律、交换率和分配率。在这样的观点下，复数被逻辑地建立在实数的基础上。

由于科学技术发展的需要，向量、张量、矩阵、群、环、域等概念不断产生，把数学研究推向新的高峰。到目前为止，数的家庭已发展得十分庞大。

$\overline{AC}=\overline{AB}+\overline{BC}$

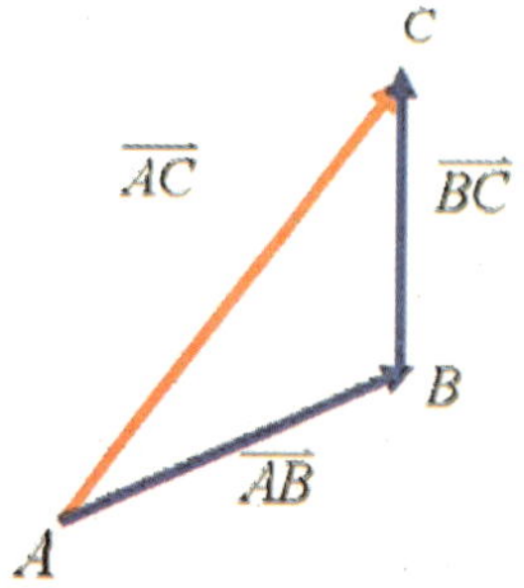

知识链接

向 量

数学中，既有大小又有方向的量叫作向量，也称矢量。向量可以用有向线段来表示。有向线段的长度表示向量的大小，箭头所指的方向表示向量的方向。向量的大小，也就是向量的长度(或称模)，向量 a 的模记作 |a|。向量的模是非负实数，可以比较大小。向量不能比较大小，对于向量来说“大于”和“小于”的概念是没有意义的。例如，“向量 AB> 向量 CD”是没有意义的。

阿拉伯数字的诞生

科普档案 ●**学术名称：**阿拉伯数字 ●**发明者：**印度科学家巴格达 ●**时间：**公元3世纪

印度数字和印度计数法既简单又方便，它的优点远远超过其他的计数法，所以很快为阿拉伯人所接受，并广泛传播到欧洲各国。阿拉伯数字起源于印度，但却是经由阿拉伯人传向四方的，这就是它们后来被称为阿拉伯数字的原因。

我们通常把计算数字1、2、3、4、5、6、7、8、9、0称为"阿拉伯数字"。说起阿拉伯数字，很多人都不会陌生，可是阿拉伯数字究竟从何而来呢？它真的来自古代的阿拉伯吗？为什么它能成为世界上通用的数字符号呢？事情要追溯到公元3世纪，印度的一位科学家巴格达发明了阿拉伯数字。7世纪时，阿拉伯人征服了周围的民族，建立了东起印度，西经非洲到西班牙的撒拉逊大帝国。后来，这个伊斯兰大帝国又分裂成东、西两个国家。当时两国的首都非常繁荣，尤其是东都巴格达，汇集了西来的希腊文化和东来的印度文化。阿拉伯人将两种文化吸收消化，从而创造了阿拉伯文化。

公元750年后，有一位印度的天文学家拜访了巴格达王宫，他带来了印度制作的天文表，并把它献给了当时的国王。印度数字1、2、3、4……以及印度式的计算方法（即我们现在用的计算法）也就是在同一时间被介绍给阿拉伯人。

最古的计数目大概至多到3，为了要设想"4"这个数字，就必须把2和2加起来，5是2加2加1，3这个数字是2加1得来的，大概较晚才出现了用手的五指表示5这个数字和用双手的十指表示10这个数字。这个原则实际也是我们计算的基础。罗马的计数只有到V（即5）的数字，X（即10）以内的数字则由V（5）和其他数字组合起来。X是两个V的组合，同一数字符号根据它与其他数字符号位置关系而具有不同的量。这样就开始有了数

□阿拉伯的巴格达

字位置的概念，在数学上这个重要的贡献应归于两河流域的古代居民，后来古鳊人在这个基础上加以改进，并发明了表达数字的1、2、3、4、5、6、7、8、9、0十个符号，这就成为我们今天记数的基础。8世纪印度出现了有零的符号的最老的刻版记录，当时称零为首那。

公元500年前后，随着经济、文化以及佛教的兴起和发展，印度次大陆西北部的旁遮普地区的数学一直处于领先地位。天文学家阿叶彼海特在简化数字方面有了新的突破：他把数字记在一个个格子里，如果第一格里有一个符号，比如是一个代表1的圆点，那么第二格里的同样圆点就表示10，而第三格里的圆点就代表100。这样，不仅是数字符号本身，而且是它们所在的位置次序也同样拥有了重要意义。以后，印度的学者又引出了作为零的符号。可以这么说，这些符号和表示方法是今天阿拉伯数字的老祖先了。

两百年后，团结在伊斯兰教下的阿拉伯人征服了周围的民族，建立了东起印度，西从非洲到西班牙的撒拉逊大帝国。后来，这个伊斯兰大帝国分裂成东、西两个国家。由于这两个国家的各代君王都奖励文化和艺术，所以两国的首都都非常繁荣，而其中特别繁华的是东都——巴格达，西来的希腊文化，东来的印度文化都汇集到这里来了。阿拉伯人将两种文化理解消化，从而创造了独特的阿拉伯文化。大约700年前后，阿拉伯人征服了旁遮普地区，他们吃惊地发现：被征服地区的数学比他们先进。用什么方法可以将这些先进的数学也搬到阿拉伯去呢？

771年，印度北部的数学家被抓到了阿拉伯的巴格达，被迫给当地人传授新的数学符号和体系，以及印度式的计算方法（即我们现在用的计算法)。由于印度数字和印度计数法既简单又方便,其优点远远超过了其他的计算法,阿拉伯的学者们很愿意学习这些先进知识,商人们也乐于采用这种方法去做生意。后来,阿拉伯人把这种数字传入西班牙。公元10世纪,又由教皇热尔贝·奥里亚克传到欧洲其他国家。公元1200年左右,欧洲的学者正式采用了这些符号和体系。13世纪时,意大利数学家斐波那契创作了《算盘书》一书。这本书对阿拉伯数字做了全面的介绍。在《算盘书》的第一部分,斐波那契首先介绍了阿拉伯数字,向人们阐述了利用它们记数的方便之处,还用了大量的举例说明。如给出了整数四则运算的方法、引入分数及其运算方法等等。正是这本书使人们认识了阿拉伯数字,并拉开了阿拉伯数字一统天下的序幕。

0、1、2、3、4、5、6、7、8、9,仔细观察这些数字就不难发现,这些数字笔画简单方便,外形容易分别且美观,并且记忆方便。阿拉伯数字被世界所接受是离不开这些要素的。这也是天文学家埃伯大力推荐它的原因之一。

由于印度数字和印度计数法既简单又方便,它的优点远远超过其他的计数法,所以很快为阿拉伯人所接受,并广泛传播到欧洲各国。阿拉伯数字起源于印度,但却是经由阿拉伯人传向四方的,这就是它们后来被称为阿拉伯数字的原因。阿拉伯数字对人类进步产生了极其重要的影响,在世界各地,阿拉伯数字有着不同的读法,但是它的用途在哪都是相同的,人们都是运用它记数、计算等等。如今,阿拉伯数字已经是世界上通用的数字符号了。

□意大利数学家斐波那契

知识链接

斐波那契与《算盘书》

公元1202年,意大利斐波那契著《算盘书》,向欧洲介绍了东方数学,特别是印度—阿拉伯数码和记数法,对数学的发展起了巨大的推动作用。这部书的1228年版中还引入了著名的斐波那契问题,由它得出著名的斐波那契数列,这一数列的有关问题不仅在其后的800年中一直引起人们的兴趣,现在还在数论、运筹学甚至生物数学等领域中得到应用。

最小的自然数和一位数

科普档案 ●**学术名称**:自然数●**分类**:按能否被整除分为奇数和偶数;按因数个数分为质数、合数、1 和 0

自然数由 0 开始 (包括 0),一个接一个,组成一个无穷集体。理所应当的,最小的自然数便是 0。那么最小的一位数是什么呢?在 0 没有归入自然数以前,最小的一位数是 1。现在应该是 1 还是 0 呢?

自然数就是用以计量事物的件数或表示事物次序的数,即用数码 0、1、2、3、4……所表示的数。自然数由 0 开始(包括 0),一个接一个,组成一个无穷集体。自然数集有加法和乘法运算,两个自然数相加或相乘的结果仍为自然数,也可以作减法或除法,但相减和相除的结果未必都是自然数,所以减法和除法运算在自然数集中并不是总能成立的。自然数是人们认识的所有数中最基本的一类,为了使数的系统有严密的逻辑基础,19 世纪的数学家建立了自然数的两种等价的理论,自然数的序数理论和基数理论,使自然数的概念、运算和有关性质得到严格的论述。

自然数是在人类的生产和生活实践中逐渐产生的。人类认识自然数的过程是相当长的。在远古时代,人类在捕鱼、狩猎和采集果实的劳动中产生了计数的需要。起初人们用手指、绳结、刻痕、石子或木棒等实物来计数。例如:表示捕获了 3 只羊,就伸出 3 个手指;用 5 个小石子表示捕捞了 5 条鱼;一些人外出捕猎,出去 1 天,家里的人就在绳子上打 1 个结,用绳结的个数来表示外出的天数。这样经过较长时间,随着生产和交换的不断增多以及语言的发展,渐渐地把数从具体事物中抽象出来,先有数目 1,以后逐次加 1,得到 2、3、4……这样逐渐产生和形成了自然数。因此,可以把自然数定义为,在数物体的时候,用来表示物体个数的 1、2、3、4、5、6……叫作自然数。自然数的单位是“1”,任何自然数都是由若干个“1”组成的。

毕达哥拉斯学派将自然数分成许多类型：奇数，偶数；素数，合数；完全数，亲和数，三角数，五角数，平方数。序数理论是意大利数学家G.皮亚诺提出来的。他总结了自然数的性质，用公理法给出自然数的如下定义：

1					
3	5				
7	9	11			
13	15	17	19		
21	23	（ ）	27	29	
31	33	35	（ ）	39	41

□数字的规律

自然数集N是指满足以下条件的集合：①N中有一个元素，记作1。②N中每一个元素都能在N中找到一个元素作为它的后继者。③1是0的后继者。④0不是任何元素的后继者。⑤不同元素有不同的后继者。⑥（归纳公理）N的任一子集M，如果$1 \in M$，并且只要x在M中就能推出x的后继者也在M中，那么M=N。基数理论则把自然数定义为有限集的基数，这种理论提出，两个可以在元素之间建立一一对应关系的有限集具有共同的数量特征，这一特征叫作基数。这样，所有单元素集{x}，{y}，{a}，{b}等具有同一基数，记1。类似地，凡能与两个手指头建立一一对应的集合，它们的基数相同，记作2，等等。自然数的加法、乘法运算可以在序数或基数理论中给出定义，并且两种理论下的运算是一致的。

自然数在日常生活中起了很大的作用，人们广泛使用自然数。自然数是人类历史上最早出现的数，自然数在计数和测量中有着广泛的应用。人们还常常用自然数来给事物标号或排序，如城市的公共汽车路线、门牌号码、邮政编码等。自然数是整数，但整数不全是自然数，例如：-1、-2、-3……是整数而不是自然数。自然数是无限的。全体非负整数组成的集合称为非负整数集（即自然数集）。在数物体的时候，数出的1、2、3、4、5、6、7、8、9……叫自然数。自然数有数量、次序两层含义，分为基数、序数。基本单位是1，计数单位是个、十、百、千、万……

0是否包括在自然数之内存在争议，有人认为自然数为正整数，即从1开始算起；而也有人认为自然数为非负整数，即从0开始算起。目前关于这个问题尚无一致意见。不过，在数论中，多采用前者；在集合论中，则多采用后者。国外的数学界大部分都规定0是自然数。为了国际交流的方便，1993年颁布的《中华人民共和国国家标准》、《量和单位》第311页，规定自然数包括0。理所应当的，最小的自然数便是0。

0是最小的自然数，那么最小的一位数是1还是0？在0没有归入自然数以前大家都很清楚，最小的一位数是1。那么，现在0也成为自然数了，最小的一位数还是1吗？这是许多教师提出的疑问，笔者认为最小的一位数还是1。因为0表示一个物体也没有，在记数法中是表示空位的一个符号，如3005里“0”就分别表示这个数的十位、百位都是空位。这次调整虽然将“0”划归自然数，然而对几位数的概念并没改变。关于“几位数”是这样定义的：“只用一个有效数字表示的数，叫作一位数；只用两个有效数字，其中左边第一个数字是有效数字来表示的数就叫作两位数……”假设0也算作一位数的话，那么最小的两位数是“10”还是“00”呢？那么最小的三位数、四位数……又是多少呢？所谓最大的几位数，最小的几位数，通常也是在非零自然数的范围来说。所以，最大一位数是9，最小一位数是1；最大两位数是99，最小两位数是10；最大三位数是999，最小三位数是100……

综上所述，“0”虽然是最小的自然数，但仍然不能称为“一位数”，更不能称为最小的一位数了。

知识链接

规矩数

规矩数，又称可造数，是指可用尺规作图方式作出的实数。在给定单位长度的情形下，若可以用尺规作图的方式作出长度为a的线段，则a就是规矩数。规矩数的“规”和“矩”分别表示圆规及直尺，两个尺规作图的重要元素。利用尺规作图可以将二线段的长度进行四则运算，也可以求出一线段长度的平方根。因此符合以下任一条件的均为规矩数：整数；所有有理数；规矩数a的平方根、四次方根、八次方根...等2n次方根；有限个规矩数相加、相减、相乘、相除（除数不得为0）的结果。

复数的神秘面纱

科普档案 ●**学术名称**:负数●**提出学者**:意大利米兰学者卡当●**时间**:1545 年●**著作**:《重要的艺术》

虚数的出现，使无理数在有理数面前更加有底气，并且在虚数的基础上还引出了复数的概念。后人将虚数和实数有机地结合起来，写成 a+bi 形式 (a、b 为实数)，称为复数。

根据我们的切身经历,我们知道,在实数范围内,对于有些运算仍然无能为力,只有把实数集扩充到复数集才能解决这一难题。可是,历史上引进虚数,把实数集扩充到复数集可不是件很容易的事,那么,历史上是如何引进虚数的呢?

16 世纪意大利米兰学者卡当在 1545 年发表的《重要的艺术》一书中,公布了三次方程的一般解法,被后人称之为“卡当公式”。他是第一个把负数的平方根写到公式中的数学家,并且在讨论是否可能把 10 分成两部分,使它们的乘积等于 40 时,他把答案写成=40,尽管他认为这两个表示式是没有意义的、想象的、虚无缥缈的,但他还是把 10 分成了两部分,并使它们的乘积等于 40。给出“虚数”这一名称的是法国数学家笛卡尔,他在《几何学》中使“虚的数”与“实的数”相对应,从此,虚数才开始广泛地流传开来。而至此,数系中发现一颗新星——虚数,于是引起了数学界的一片困惑。由于虚数闯入数的领域时,人们对它的实际用处一无所知,在实际生活中似乎也没有用复数来表达的量,因此,在很长的一段时间里,人们对虚数产生过种种怀疑和误解。笛卡尔称“虚数”的本意是指它是假的;莱布尼兹在公元 18 世纪初则认为:“虚数是美妙而奇异的神灵隐蔽所, 它几乎是既存在又不存在的两栖物。”欧拉尽管在许多地方用了虚数,但又说一切形如(–1)、(–2)的数学式都是不可能有的,纯属虚幻的。

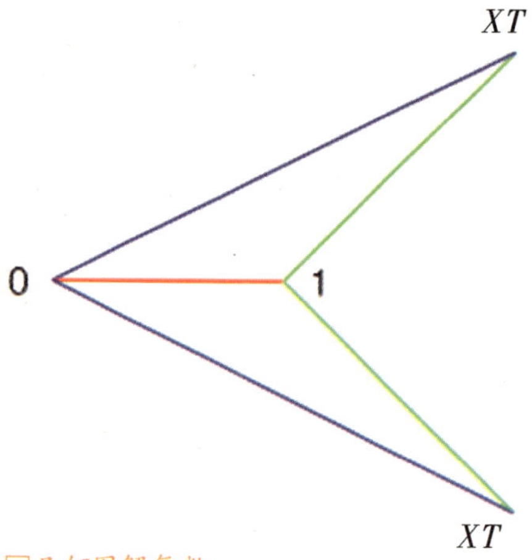

□几何图解复数

1777年瑞士数学家欧拉开始使用符号 $i=\sqrt{-1}$ 表示虚数的单位。“虚数”实际上不是想象出来的，而是确实存在的。虚数的出现，使无理数在有理数面前更加有底气，并且在虚数的基础上还引出了复数的概念，虚数其实很复杂，它的神秘面纱还没有完全揭开，它在等待人们对它进行进一步的研究。虚数的名字来源于人们的“顽固”，好在现在人们对虚数的应用却不那么糊涂了，人们已经懂得了它的重要性。之后，后人将虚数和实数有机地结合起来，写成 a+bi 形式(a、b 为实数)，称为复数。挪威的测量学家未塞尔在1779年试图给予这种虚数以直观的几何解释，并首先发表其作法，然而没有得到学术界的重视。德国数学家阿甘得在1806年公布了虚数的图象表示法，即所有实数能用一条数轴表示，同样，虚数也能用一个平面上的点来表示。在直角坐标系中，横轴上取对应实数 a 的点 A，纵轴上取对应实数 b 的点 B，并过这两点引平行于坐标轴的直线，它们的交点 C 就表示复数 a+bi。像这样，由各点都对应复数的平面叫作“复平面”，后来又称“阿甘得平面”。高斯在1831年用实数组(a,b)代表复数，并建立了复数的某些运算，使得复数的某些运算也像实数一样地“代数化”。他又在1832年将表示平面上同一点的两种不同方法——直角坐标法和极坐标法加以综合，统一于表示同一复数的代数式和三角式两种形式中，并把数轴上的点与实数一一对应，扩展为平面上的点与复数一一对应。高斯不仅把复数看作平面上的点，而且还看作是一种向量，并利用复数与向量之间一一对应的关系，阐述了复数的几何加法与乘法。至此，复数理论才比较完整和系统地建立起来了。复数的乘、除、乘方、开方可以按照幂的运算法则进行。复数集不同于实数集的几个特点是：开方运算永远可行；一元 n 次复系数方程总有 n 个根(重根按重数计)；复数不能建立大小顺序。

经过许多数学家长期不懈的努力，深刻探讨并发展了复数理论，才使得在数学领域游荡了近200年的幽灵——虚数揭去了神秘的面纱，显现出它的本来面目，原来虚数不虚。虚数成了数系大家庭中的一员，从而实数集才扩充到了复数集。复数的应用十分广泛。在系统分析中，系统常常通过拉普拉斯变换从时域变换到频域，因此可在复平面上分析系统的极点和零点。分析系统稳定性的根轨迹法、奈奎斯特图法和尼科尔斯图法都是在复平面上进行的。无论系统极点和零点在左半平面还是右半平面，根轨迹法都很重要。如果系统极点位于右半平面，则因果系统不稳定；都位于左半平面，则因果系统稳定；位于虚轴上，则系统为临界稳定的。如果系统的全部零点都位于右半平面，则这是个最小相位系统。如果系统的极点和零点关于虚轴对称，则这是全通系统。在应用层面，复分析常用以计算某些实值的反常函数，借由复值函数得出。实际应用中，求解给定差分方程模型的系统，通常首先找出线性差分方程对应的特征方程的所有复特征根r，再将系统以形为f(t)=e的基函数的线性组合表示。复函数于流体力学中可描述二维势流。一些碎形如曼德勃罗集合和茹利亚集是建基于复平面上的点的……

随着科学和技术的发展进步，复数理论已越来越显出它的重要性，它不但对于数学本身的发展有着极其重要的意义，而且为证明机翼上升力的基本定理起到了不可估量的作用，并且在解决堤坝渗水的问题中显示了它的威力，而且还为建立巨大水电站提供了重要的理论依据。

□德国数学家希尔伯特

知识链接

希尔伯特空间

希尔伯特空间是一个内积空间，其上有距离和角的概念（及由此引申而来的正交性与垂直性的概念）。此外，希尔伯特空间还是一个完备的空间，其上所有的柯西列等价于收敛列，从而微积分中的大部分概念都可以无障碍地推广到希尔伯特空间中。希尔伯特空间为基于任意正交系上的多项式表示的傅立叶级数和傅立叶变换提供了一种有效的表述方式，而这也是泛函分析的核心概念之一。一个抽象的希尔伯特空间中的元素往往被称为向量。

梅森素数

科普档案 ●**学术名称**：素数●**定义**：只能被 1 和自身整除的数●**研究学者**：梅森、费马、笛卡尔等

梅森素数是指形如 2^p-1 的正整数，其中指数 p 是素数，常记为 M^p。若 M^p 是素数，则称为梅森素数。梅森素数有许多独特的性质，千百年来一直吸引着众多的数学家对它进行研究和探寻。

素数也叫质数，是只能被 1 和自身整除的数，如 2、3、5、7 等等。公元前 300 多年，古希腊数学家欧几里得用反证法证明了素数有无穷多个，并提出了少量素数可写成 2^p-1（其中指数 p 为素数）的形式。此后许多数学家，包括数学大师费马、笛卡尔、莱布尼茨、哥德巴赫、欧拉、高斯、哈代、图灵等都研究过这种特殊形式的素数，而 17 世纪的法国数学家梅森是其中成果最为卓著的一位。

由于梅森学识渊博，才华横溢，并是法兰西科学院的奠基人，为了纪念他，数学界就把 2^p-1 型的数称为“梅森数”，并以 M^p 记之（其中 M 为梅森姓氏的首字母）；如果 M^p 为素数，则称之为“梅森素数”。2300 多年来，人类仅发现 46 个梅森素数。由于这种素数珍奇而迷人，因此被人们誉为“数学海洋中的璀璨明珠”。梅森素数一直是数论研究的一项重要内容，也是当今科学探索的热点和难点。

梅森素数貌似简单，但研究难度却很大。它不仅需要高深的理论和纯熟的技巧，而且还需要进行艰巨的计算。1772 年，瑞士数学大师欧拉在双目失明的情况下，靠心算证明了 M^{31}（即 $2^{31}-1=2147483647$）是一个素数。它具有 10 位数字，堪称当时世界上已知的最大素数。欧拉的毅力与技巧都令人赞叹不已，他因此获得了“数学英雄”的美誉。难怪法国大数学家拉普拉斯向他的学生们说：“读读欧拉，他是我们每一个人的老师。”在“手算笔录年代”，人们

历尽艰辛，仅找到12个梅森素数。

电子计算机的出现，大大加快了探究梅森素数的步伐。1952年，美国数学家鲁滨逊等人将著名的卢卡斯·雷默方法编译成计算机程序，使用SWAC型计算机在短短几小时之内，就找到了5个梅森素数：M521、M607、M1279、M2203和M2281。

□法国数学家梅森

1963年9月6日晚上8点，当第23个梅森素数M^{11213}通过大型计算机被找到时，美国广播公司（ABC）中断了正常的节目播放，在第一时间发布了这一重要消息。发现这一素数的美国伊利诺伊大学数学系全体师生感到无比骄傲，为让全世界都分享这一成果，以至把所有从系里发出的信封都盖上了"$2^{11213}-1$是个素数"的邮戳。

随着素数p值的增大，每一个梅森素数M^p的产生都艰辛无比；而各国科学家及业余研究者们仍乐此不疲，激烈竞争。例如，在1979年2月23日，当美国克雷研究公司的计算机专家史洛温斯基和纳尔逊宣布他们找到第26个梅森数M^{23209}时，有人告诉他们：在两星期前美国加州的高中生诺尔就已经给出了同样结果。为此他们又花了一个半月的时间，使用Cray—1型计算机找到了新的梅森素数M^{44497}。这件事成了当时不少报纸的头版新闻。为与美国较量，英国原子能技术权威机构——哈威尔实验室专门成立了一个研究小组来寻找更大的梅森素数。他们用了两年时间，花了12万英镑的经费，于1992年3月25日找到了新的梅森素数M^{756839}。不过，1994年1月14日，史洛温斯基等人为美国再次夺回发现"已知最大素数"的桂冠——这一素数是M^{859433}。由于史洛温斯基一共发现7个梅森素数，他被人们誉为"素数大王"。

由于梅森素数在正整数中的分布是时疏时密极不规则的，因此研究梅森素数的重要性质——分布规律似乎比寻找新的梅森素数更为困难。数学家们在长期的摸索中，提出了一些猜想。英国数学家香克斯、法国数学家伯

□中国数学家和语言学家周海中

特兰和托洛塔、印度数学家拉曼纽杨、美国数学家吉里斯和德国数学家伯利哈特等都曾分别给出过关于梅森素数分布的猜测，但他们的猜测有一个共同点，就是都以近似表达式给出，而与实际情况的接近程度均难如人意。

中国数学家和语言学家周海中对梅森素数研究多年，他运用联系观察法和不完全归纳法，于1992年首先给出了梅森素数分布的精确表达式，从而揭示了梅森素数的重要规律，为人们探究这一素数提供了方便。后来这一科研成果被国际上称为“周氏猜测”。

网格这一崭新技术的出现使梅森素数的探寻如虎添翼。1996年初，美国数学家和程序设计师沃特曼编制了一个梅森素数计算程序，并把它放在网页上供数学家和数学爱好者免费使用，这就是著名的GIMPS项目。该项目采取网格计算方式，利用大量普通计算机的闲置时间来获得相当于超级计算机的运算能力。只要人们去GIMPS的主页下载那个免费程序，就可以立即参加GIMPS项目去搜寻梅森素数。人们通过GIMPS项目找到了12个梅森素数，其发现者来自美国、英国、法国、德国和加拿大。现在，世界上有160多个国家和地区近16万人参加了这一项目，并动用了30多万台计算机联网来进行网格计算。该项目的计算能力已超过当今世界上任何一台最先进的超级矢量计算机的计算能力，运算速度超过每秒350万亿次。为了激励人们寻找梅森素数，设在美国的电子新领域基金会(EFF)不久前向全世界宣布了为通过GIMPS项目来探寻梅森素数而设立的奖金。它规定向第一个找到超过1000万位数的个人或机构颁发10万美元。后面的奖金依次为：超过1亿位数，15万美元；超过10亿位数，25万美元。由于史密斯发现的梅森素数已超过1000万位，他将有资格获得EFF颁发的10万美元大奖。

梅森素数在当代具有十分丰富的理论意义和实用价值。它是发现已知最大素数的最有效途径;它的探究推动了数学皇后——数论的研究,促进了计算技术、程序设计技术、密码技术的发展以及快速傅立叶变换的应用。

探寻梅森素数最新的意义是:它促进了网格技术的发展。而网格技术将是一项应用非常广阔、前景十分诱人的技术。另外,探寻梅森素数的方法还可用来测试计算机硬件运算是否正确。

由于探寻梅森素数需要多种学科和技术的支持,所以许多科学家认为:梅森素数的研究成果,在一定程度上反映了一个国家的科技水平。英国顶尖科学家索托伊甚至认为它是标志科学发展的里程碑。可以相信,梅森素数这颗数学海洋中的璀璨明珠正以其独特魅力,吸引着更多的有志者去探寻和研究。

知识链接

网　格

网格一词来自于电力网格。网格利用互联网把地理上广泛分布的各种资源(包括计算资源、存储资源、带宽资源、软件资源、数据资源、信息资源、知识资源等)连成一个逻辑整体,就像一台超级计算机一样,为用户提供一体化信息和应用服务(计算、存储、访问等),虚拟组织最终实现在这个虚拟环境下进行资源共享和协同工作的目的,彻底消除资源“孤岛”,最充分地实现信息共享。

代数与代数学

科普档案 ●**学科名称**:初等代数●**研究内容**:有理数、无理数、复数,整式方程、分式方程、根式方程和方程组

代数是由算术演变来的,是研究实数和复数,以及以它们为系数的多项式的代数运算理论和方法的数学分支学科。而代数学是数学中最重要的、基础的分支之一。由初等代数学和抽象代数学两部分组成。

代数是研究数字和文字的代数运算理论和方法,更确切地说,是研究实数和复数,以及以它们为系数的多项式的代数运算理论和方法的数学分支学科。初等代数是更古老的算术的推广和发展。在古代,当算术里积累了大量的关于各种数量问题的解法后,为了寻求有系统的、更普遍的方法,以解决各种数量关系的问题,就产生了以解方程的原理为中心问题的初等代数。代数是由算术演变来的,这是毫无疑问的。

□清代数学家李善兰

如果我们对代数符号不是要求像现在这样简练,那么,代数学的产生可上溯到更早的年代。西方人将公元前3世纪古希腊数学家丢番图看作是代数学的鼻祖。而在中国,用文字来表达的代数问题出现得就更早了。"代数"作为一个数学专有名词、代表一门数学分支在我国正式使用,最早是在1859年。那年,清代数学家李善兰和英国人韦列亚力共同翻译了英国人棣么甘所写的一本书,译本的名称就叫作《代数学》。当然,

代数的内容和方法,我国古代早就产生了,比如《九章算术》中就有方程问题。代数学随着人类生活水平的提高,生产技术的进步,科学和数学本身的需要而产生和发展。在这个过程中,代数学的研究对象和研究方法发生了重大的变化。代数学可分为初等代数学和抽象代数学两部分。初等代数学是更古老的算术的推广和发展,而抽象代数学则是在初等代数学的基础上产生和发展起来的。初等代数的中心内容是解方程,因而长期以来都把代数学理解成方程的科学,数学家们也把主要精力集中在方程的研究上。它的研究方法是高度计算性的。要讨论方程,首先遇到的一个问题是如何把实际中的数量关系组成代数式,然后根据等量关系列出方程。所以初等代数的一个重要内容就是代数式。由于事物中的数量关系的不同,大体上初等代数形成了整式、分式和根式这三大类。代数式是数的化身,因而在代数中,它们都可以进行四则运算,服从基本运算定律,而且还可以进行乘方和开方两种新的运算。通常把这六种运算叫作代数运算,以区别于只包含四种运算的算术运算。

在初等代数的产生和发展过程中,通过解方程的研究,也促进了数的概念的进一步发展,将算术中讨论的整数和分数的概念扩充到有理数的范围,使数包括正负整数、正负分数和零。这是初等代数的又一重要内容,就是数的概念的扩充。有了有理数,初等代数能解决的问题就大大地扩充了。但是,有些方程在有理数范围内仍然没有解。于是,数的概念再一次扩充到了实数,进而又进一步扩充到了复数。那么到了复数范围内是不是仍然有方程没有解,还必须把复数再进行扩展呢?数学家们说:不用了。这就是代数里的一个著名的定理——代数基本定理。这个定理简单地说就是n次方程有n个根。1742年12月15日瑞士数学家欧拉曾在一封信中明确地做了陈述,后来另一个数学家、德国的高斯在1799年给出了严格的证明。

初等代数学进一步地向两个方面发展:一方面是研究未知数更多的一次方程组;另一方面是研究未知数次数更高的高次方程。这时候,代数学已由初等代数向着高等代数的方向发展了。二次方程的求根公式在花拉子米时代就已经得到,但三次、四次方程的求根公式却直到15世纪末还没有得

□挪威数学家阿贝尔

到。16世纪上半叶，意大利数学家塔尔塔利亚首先得到了三次方程的一般解法，其方法却由另一位意大利数学家卡尔达诺抢先在他的著作《大术》中公布，为此引出一场风波，其中包括400多年前的著名的数学竞赛。三次方程的求根公式以"卡尔达诺公式"流传下来。四次方程的一般解法由卡尔达诺的学生费拉里得到。

在出现普遍适用的代数符号之前，代数方程理论的发展是缓慢的、曲折的。花拉子米的《代数学》完全用文字叙述，使用起来很不方便。丢番图和印度数学家都使用过一些缩写文字和记号，但很不系统，没有被后人采纳。在12世纪以后欧洲的代数学文献中陆续出现过一些简写法，包括一些运算的表示。到15世纪末，开始使用现代符号"+"和"–"来代替过去流行的烦琐语言表示数学运算。接着又有了幂及根式的符号，并且出现了括号。符号代数学的最终确立是由法国数学家韦达完成的。他的《分析术入门》被西方数学史家推崇为第一部符号代数学。在这本书中，他自觉地、系统地运用字母代替数字，用辅音字母表示已知数，用元音字母表示未知数。韦达还明确指出代数与算术的区别，前者是"类的算术"（施行于事物的类和形式的运算），后者是"数的算术"。于是代数学更带有普遍性，形式更抽象，应用更广泛。在稍后的工作里，韦达改进了三次、四次方程的解法。

在19世纪，代数学发生了革命性的变革。首先是挪威数学家阿贝尔证明了五次以上的一般代数方程不可能用根式求解，并实质上引进了域和在给定域中不可约多项式这两个概念。紧接着，法国数学家伽罗瓦对于高次方程是否能用根式求解问题给出更彻底的解答。他引进了置换群的正规子群、数域的扩域、群的同构等概念，证明了由方程的根的某些置换所构成的群(即伽罗瓦群)的可解性是方程根式可解的充分必要条件。伽罗瓦的工作并没有立即为人们所了解和接受，直到1870年才由法国数学家若尔当在他的著作《置换与代数方程》中给出第一个全面而清晰的阐述，他还补充了自己的新成果，这部著作大大地推进了置换群论的研究。

到19世纪末，数学家们从许多分散出现的具体研究对象抽象出它们的共同特征来进行公理化研究，使得代数学终于从方程理论转向代数运算的研究。近代德国学派对这一步综合的工作起了主要作用。自19世纪末戴德金和希尔伯特的工作开始，在韦伯的3卷巨著的影响下，施泰尼茨于1911年发表了重要论文《域的代数理论》，对抽象代数学的建立贡献很大。20世纪20年代以来，以A.E.诺特和阿廷以及他们的同事、学生们为中心，抽象代数学得到空前的发展。荷兰数学家范德瓦尔登根据A.E.诺特和阿廷的讲稿于20世纪30年代初写成《近世代数学》，综合当时抽象代数学各方面的工作于一书，对于抽象代数学的传播和发展起了巨大的推动作用。

抽象代数学是以研究数字、文字和更一般元素的代数运算的规律和由这些运算适合的公理而定义的各种代数结构的性质为其中心问题的。因此，抽象代数学对于全部现代数学和一些其他科学领域都有重要的影响。

知识链接

线性代数

线性代数是数学的一个分支，它的研究对象是向量、向量空间(或称线性空间)、线性变换和有限维的线性方程组。向量空间是现代数学的一个重要课题，因而，线性代数被广泛地应用于抽象代数和泛函分析中。由于科学研究中的非线性模型通常可以被近似为线性模型，使得线性代数被广泛地应用于自然科学和社会科学中。线性代数方法是指使用线性观点看待问题，并用线性代数的语言描述它、解决它的方法，是数学与工程学中最主要的应用之一。

函数的发展历程

科普档案 ●**学术名称**:函数 ●**定义**:每个输入值对应唯一输出值的一种对应关系

函数是数学中的一个基本概念，也是代数学里面最重要的概念之一。函数是发生在非空数集之间的一种对应关系。函数的对应法则通常用解析式表示，但大量的函数关系是无法用解析式表示的，可以用图像、表格及其他形式表示。

在数学领域,函数是一种关系,这种关系是一个集合里的每一个元素对应到另一个(可能相同的)集合里的唯一元素。

数学中的一种对应关系,是从非空集合A到实数集B的对应。简单地说,甲随着乙变,甲就是乙的函数。精确地说,设X是一个非空集合,Y是非空数集,f是个对应法则,若对X中的每个x,按对应法则f,使Y中存在唯一的一个元素y与之对应，就称对应法则f是X上的一个函数，记作y=f(x),称X为函数f(x)的定义域,集合{y|y=f(x),x∈R}为其值域(值域是Y的子集),x叫作自变量,y叫作因变量,习惯上也说y是x的函数。函数分为很多种,包括反函数、正函数、隐函数、显函数、多元函数、一次函数、二次函数、三角函数……

□意大利著名科学家伽利略

17世纪伽利略在《两门新科学》一书中，几乎全部包含函数或称为变量关系的这一概念，用文字和比例的方式表达函数的关系。1673年前后笛卡尔在他的解析几何中，已注意到一个变量对另一个变量的依赖关系，但因当时尚未意识到要提炼函数概念,因此直到17世纪后期牛顿、莱布尼茨建立微积分时还没有人明确函数的一般意义，大部分函数是被当作曲线来研究的。1673年，莱布尼茨首次使用“function”（函数）表示“幂”，后来他用该词表示曲线上点的横坐标、纵坐标、切线长等曲线上点的有关几何量。与此同时，牛顿在微积分的讨论中，使用“流量”来表示变量间的关系。

1718年约翰·贝努利在莱布尼茨函数概念的基础上对函数概念进行了定义：“由任一变量和常数的任一形式所构成的量。”他的意思是凡变量x和常量构成的式子都叫作x的函数，并强调函数要用公式来表示。1755年，欧拉把函数定义为：“如果某些变量，以某一种方式依赖于另一些变量，即当后面这些变量变化时，前面这些变量也随着变化，我们把前面的变量称为后面变量的函数。”18世纪中叶欧拉给出了定义：“一个变量的函数是由这个变量和一些数即常数以任何方式组成的解析表达式。”他把约翰·贝努利给出的函数定义称为解析函数，并进一步把它区分为代数函数和超越函数，还考虑了“随意函数”。不难看出，欧拉给出的函数定义比约翰·贝努利的定义更普遍、更具有广泛意义。

1821年，柯西从定义变量起给出了定义：“在某些变数间存在着一定的关系，当一经给定其中某一变数的值，其他变数的值可随之而确定时，则将最初的变数叫自变量，其他各变数叫作函数。”在柯西的定义中，首先出现了自变量一词，同时指出对函数来说不一定要有解析表达式。不过他仍然认为函数关系可以用多个解析式来表示，这是一个很大的局限。1822年傅立叶发现某些函数也可用曲线表示，也可以用一个式子表示，或用多个式子表示，从而结束了函数概念是否以唯一一个式子表示的争论，把对函数的认识又推进了一个新层次。1837年狄利克雷突破了这一局限，认为怎样去建立x与y之间的关系无关紧要，他拓宽了函数概念，指出：“对于在某区间上的每一个确定的x值，y都有一个或多个确定的值，那么y叫作x的函数。”这个定义避免了函数定义中对依赖关系的描述，以其清晰的方式被所有数学家接受。这就是人们常说的经典函数定义。等到康托创立的集合论在数学中占有重要地位之后，维布伦用“集合”和“对应”的概念给出了近代函数定义，通过集合概念把函数的对应关系、定义域及值域进一步具体化了，且打破了“变量是数”的极限，变量可以是数，也可以是其他对象。

1914 年豪斯道夫在《集合论纲要》中用不明确的概念“序偶”来定义函数，其避开了意义不明确的“变量”“对应”概念。库拉托夫斯基于 1921 年用集合概念来定义“序偶”使豪斯道夫的定义更严谨了。1930 年新的现代函数定义为“若对于集合 M 的任意元素 x，总有集合 N 确定的元素 y 与之对应，则称在集合 M 上定义一个函数，记为 y=f(x)。元素 x 称为自变元，元素 y 称为因变元。”术语函数、映射、对应、变换通常都有同一个意思，但函数只表示数与数之间的对应关系，映射还可表示点与点之间、图形与图形之间等的对应关系。可以说函数包含于映射。当然，映射也只是一部分。

中学数学书上使用的“函数”一词是转译词，是我国清代数学家李善兰在翻译《代数学》一书时，把“function”译成“函数”的。中国古代“函”字与“含”字通用，都有着“包含”的意思。李善兰给出的定义的含义是：“凡是公式中含有变量 x，则该式子叫作 x 的函数。”所以“函数”是指公式里含有变量的意思。

函数经过这一系列的发展终于以比较完善的姿态来到了我们的教科书里面，我们在学习前人研究结果的同时，也不要忘记数学史上那些伟大的数学家为数学的进步、社会的进步所付出的艰辛和努力。函数走过了漫长的历史，一步步趋于完善。通过无数数学家的努力探索研究，才有了我们今天所学习的函数。

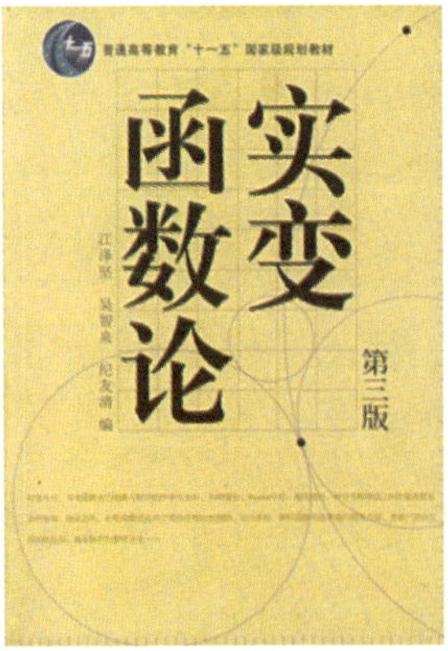

知识链接

实变函数

以实数作为自变量的函数就叫作实变函数，以实变函数作为研究对象的数学分支就叫作实变函数论。它的基础是点集论。点集论是专门研究点组成的集合的性质的理论。可以说实变函数论是在点集论的基础上研究分析数学中的一些最基本的概念和性质的。实变函数论和古典数学分析不同，它是一种比较高深精细的理论，它的观念和方法以及它在各个数学分支的应用，对形成近代数学的一般拓扑学和泛函分析两个重要分支有着极为重要的影响。

起源于赌博的概率论

科普档案 ●**理论名称**:概率论●**奠基者**:瑞士数学家伯努利●**研究学者**:棣莫弗、拉普拉斯、切比雪夫

概率论是研究随机现象数量规律的数学分支。随机现象是相对于决定性现象而言的。在一定条件下必然发生某一结果的现象称为决定性现象。典型的随机实验有掷骰子、扔硬币、抽扑克牌以及轮盘游戏等。

概率论是一门研究随机现象规律的数学分支。它的起源与赌博问题有关。16世纪,意大利的学者吉罗拉莫·卡尔达诺开始研究掷骰子等赌博中的一些简单问题。17世纪中叶,当时的法国宫廷贵族里盛行着掷骰子游戏,游戏规则是玩家连续掷4次骰子,如果其中没有6点出现,玩家赢;如果出现一次6点,则庄家(相当于现在的赌场)赢。按照这一游戏规则,从长期来看,庄家扮演赢家的角色,而玩家大部分时间是输家,因为庄家总是要靠此为生的,因此当时人们也就接受了这种现象。

□意大利学者吉罗拉莫·卡尔达诺

后来为了使游戏更刺激,游戏规则发生了些许变化,玩家这回用2个骰子连续掷24次,不同时出现2个6点,玩家赢,否则庄家赢。当时人们普遍认为,2次出现6点的概率是一次出现6点的概率的1/6, 因此6倍于前一种规则的次数, 也即是24次赢或输的概率与以前是相等的。然而事实却刚好相反,从长期来看,这回庄

□瑞士数学家伯努利

家处于输家的状态，于是他们去请教当时的数学家帕斯卡，求助其对这种现象做出解释，这个问题的解决直接推动了概率论的产生。

随着18世纪至19世纪科学的发展，人们注意到在某些生物、物理和社会现象与机会游戏之间有某种相似性，从而由机会游戏起源的概率论被应用到这些领域中；同时这也大大推动了概率论本身的发展。使概率论成为数学的一个分支的奠基人是瑞士数学家伯努利，他建立了概率论中第一个极限定理，即伯努利大数定律，阐明了事件的频率稳定于它的概率。随后棣莫弗和拉普拉斯又导出了第二个基本极限定理(中心极限定理)的原始形式。拉普拉斯在系统总结前人工作的基础上写出了《分析的概率理论》，明确给出了概率的古典定义，并在概率论中引入了更有力的分析工具，将概率论推向一个新的发展阶段。19世纪末，俄国数学家切比雪夫、马尔可夫、李亚普诺夫等人用分析方法建立了大数定律及中心极限定理的一般形式，科学地解释了为什么实际中遇到的许多随机变量近似服从正态分布。20世纪初受物理学的刺激，人们开始研究随机过程。这方面柯尔莫哥洛夫、维纳、马尔可夫、辛钦、莱维及费勒等人做出了杰出的贡献。

数学家费马向法国数学家帕斯卡提出下列的问题：“现有两个赌徒相约赌若干局，谁先赢s局就算赢了，当赌徒A赢a局[a<s]，而赌徒B赢b局[b<s]时，赌博中止，那赌本应怎样分才合理呢？”于是他们从不同的理由出发，在1654年7月29日给出了正确的解法，而在三年后，即1657年，荷兰的另一位数学家惠根斯亦用自己的方法解决了这一问题，更写成了《论赌博中的计算》一书，这就是概率论最早的论著，他们三人提出的解法中，都首先涉及

了数学期望这一概念，并由此奠定了古典概率论的基础。

瑞士数学家雅各布·伯努利是使概率论成为数学一个分支的另一奠基人。他的主要贡献是建立了概率论中的第一个极限定理，我们称为“伯努利大数定理”，即“在多次重复试验中，频率有越趋稳定的趋势”。这一定理更在他死后，即 1713 年，发表在他的遗著《猜度术》中。

到了 1730 年，法国数学家棣莫弗出版其著作《分析杂论》，当中包含了著名的“棣莫弗—拉普拉斯定理”。这就是概率论中第二个基本极限定理的原始雏形。而接着拉普拉斯在 1812 年出版的《概率的分析理论》中，首先明确地对概率作了古典的定义。另外，他又和数个数学家建立了关于“正态分布”及“最小二乘法”的理论。另一在概率论发展史上的代表人物是法国的泊松。他推广了伯努利形式下的大数定律，研究得出了一种新的分布，就是泊松分布。概率论继他们之后，其中心研究课题则集中在推广和改进伯努利大数定律及中心极限定理。

概率论发展到 1901 年，中心极限定理终于被严格地证明了，其后数学家用这一定理第一次科学地解释了为什么实际中遇到的许多随机变量近似服从以正态分布。到了 20 世纪 30 年代，人们开始研究随机过程，而著名的马尔可夫过程的理论在 1931 年才被奠定其地位。苏联数学家柯尔莫哥洛夫在概率论发展史上亦做出了重大

□数学家费马

□苏联数学家柯尔莫哥洛夫

贡献。到了近代，出现了理论概率及应用概率的分支，及将概率论应用到不同范畴，从而开展了不同学科。因此，现代概率论已经成为一个非常庞大的数学分支。

随机现象是相对于决定性现象而言的。在一定条件下必然发生某一结果的现象称为决定性现象。例如在标准大气压下，纯水加热到100℃时水必然会沸腾等。随机现象则是指在基本条件不变的情况下，一系列试验或观察会得到不同结果的现象。每一次试验或观察前，不能肯定会出现哪种结果，而会呈现出偶然性。例如，掷一硬币，可能出现正面或反面，在同一工艺条件下生产出的灯泡，其寿命长短参差不齐等等。随机现象的实现和对它的观察称为随机试验。随机试验的每一可能结果称为一个基本事件，一个或一组基本事件统称随机事件，或简称事件。事件的概率则是衡量该事件发生的可能性的量度。虽然在一次随机试验中某个事件的发生是带有偶然性的，但那些可在相同条件下大量重复的随机试验却往往呈现出明显的数量规律。例如，连续多次掷一质地均匀的硬币，出现正面的频率随着投掷次数的增加逐渐趋向于1/2。又如，多次测量一物体的长度，其测量结果的平均值随着测量次数的增加，逐渐稳定于一常数，并且诸测量值大都落在此常数的附近，其分布状况呈现中间多、两头少及某种程度的对称性。大数定律及中心极限定理就是描述和论证这些规律的。在实际生活中，人们往往还需要研究某一特定随机现象的演变情况随机过程。例如，微小粒子在液体中受周围分子的随机碰撞而形成不规则的运动（即布朗运动），这就是随机过程。随机过程的统计特性、计算与随机过程有关的某些事件的概率，特别是研究与随机过程样本轨道（即过程的一次实现)有关的问题,是现代概率论的主要课题。

如何定义概率,如何把概率论建立在严格的逻辑基础上,是概率理论发展的困难所在,对这一问题的探索一直持续了3个世纪。20世纪初完成的勒贝格测度与积分理论及随后发展的抽象测度和积分理论,为概率公理体系的建立奠定了基础。在这种背景下,苏联数学家柯尔莫哥洛夫1933年在他的《概率论基础》一书中第一次给出了概率的测度论的定义和一套严密的公理体系。他的公理化方法成为现代概率论的基础,使概率论成为严谨的数学分支,对概率论的迅速发展发挥了积极的作用。

随着人类社会实践的深入,人们需要了解各种不确定现象中隐含的必然规律性,并用数学方法研究各种结果出现的可能性大小,从而产生了概率论,并使之逐步发展成一门严谨的学科。现在,概率与统计的方法日益渗透到各个领域,并广泛应用于自然科学、经济学、预测学、医学、金融保险甚至人文科学中。

知识链接

统计概率

统计概率是建立在频率理论基础上的,分别由英国逻辑学家约翰和奥地利数学家理查德提出,他们认为,获得一个事件的概率值的唯一方法是通过对该事件进行100次、1000次或者甚至10000次的前后相互独立的n次随机试验,针对每次试验均记录下绝对频率值和相对频率值hn(A),随着试验次数n的增加,会出现相对频率值趋向于极限值。这个极限值被称为统计概率。统计概率在实践中具有重要意义,它是数理统计的基础。

微积分的发展历程

科普档案 ●**学术名称**:微积分●**内容**:极限、微分学(求导数的运算)、积分学(求积分的运算)及其应用

微积分是高等数学中研究函数的微分、积分以及有关概念和应用的数学分支，是数学的一个基础学科。微积分学的创立，极大地推动了数学的发展，过去很多初等数学束手无策的问题，运用微积分，往往迎刃而解。

微积分是高等数学中研究函数的微分、积分以及有关概念和应用的数学分支。它是数学的一个基础学科。内容主要包括极限、微分学、积分学及其应用。微分学包括求导数的运算,是一套关于变化率的理论。它使得函数、速度、加速度和曲线的斜率等均可用一套通用的符号进行讨论。积分学,包括求积分的运算,为定义和计算面积、体积等提供一套通用的方法。

从微积分成为一门学科来说,是在17世纪,但是,微分和积分的思想在古代就已经产生了。

□中国古代数学家刘徽

公元前3世纪，古希腊的阿基米德在研究解决抛物弓形的面积、球和球冠面积、螺线下面积和旋转双曲体的体积的问题中，就隐含着近代积分学的思想。作为微分学基础的极限理论来说，早在古代就有比较清楚的论述。比如我国的庄周所著的《庄子》一书的“天下篇”中,记有“一尺之棰,日取其半,万世不竭”。三国时期的刘徽在他的割圆术中提到“割之弥细,所失弥小,割之又割,以至于不可割,则与圆周和体而无

所失矣。"这些都是朴素的、也是很典型的极限概念。

到了17世纪，有许多科学问题需要解决，这些问题也就成了促使微积分产生的因素。17世纪的许多著名数学家、天文学家、物理学家都为解决上述几类问题做了大量的研究工作，如法国的费马、笛卡尔、罗伯瓦、笛沙格，英国的巴罗、瓦里士，德国的开普勒，意大利的卡瓦列利等人都提出许多很有建树的理论，为微积分的创立做出了贡献。

□英国科学家牛顿

17世纪下半叶，在前人工作的基础上，英国大科学家牛顿和德国数学家莱布尼茨分别在自己的国度里独自研究和完成了微积分的创立工作，虽然这只是十分初步的工作。他们的最大功绩是把两个貌似毫不相关的问题联系在一起，一个是切线问题（微分学的中心问题），一个是求积问题（积分学的中心问题）。

牛顿和莱布尼茨建立微积分的出发点是直观的无穷小量，因此这门学科早期也称为无穷小分析，这正是现在数学中分析学这一大分支名称的来源。牛顿研究微积分着重于从运动学来考虑，莱布尼茨却是侧重于几何学来考虑的。

牛顿在1671年写了《流数法和无穷级数》，这本书直到1736年才出版，他在这本书里指出，变量是由点、线、面的连续运动产生的，否定了以前自己认为的变量是无穷小元素的静止集合。他把连续变量叫作流动量，把这些流动量的导数叫作流数。牛顿在流数术中所提出的中心问题是：已知连续运动的路径，求给定时刻的速度（微分法）；已知运动的速度求给定时间内经过的路程（积分法）。

德国的莱布尼茨是一个博才多学的学者，1684年，他发表了现在世界上认为是最早的微积分文献，这篇文章有一个很长而且很古怪的名字《一

□德国数学家莱布尼茨

种求极大极小和切线的新方法，它也适用于分式和无理量，以及这种新方法的奇妙类型的计算》。就是这样一篇说理也颇含糊的文章，却有划时代的意义。它已含有现代的微分符号和基本微分法则。1686年，莱布尼茨发表了第一篇积分学的文献。他是历史上最伟大的符号学者之一，他所创设的微积分符号，远远优于牛顿的符号，这对微积分的发展有极大的影响。现在我们使用的微积分通用符号就是当时莱布尼茨精心选用的。

不幸的是，由于人们在欣赏微积分的宏伟功效之余，在提出谁是这门学科的创立者的时候，竟然引起了一场轩然大波，造成了欧洲大陆的数学家和英国数学家的长期对立。英国数学在一个时期里闭关锁国，囿于民族偏见，过于拘泥在牛顿的“流数术”中停步不前，因而数学发展整整落后了100年。

其实，牛顿和莱布尼茨分别是自己独立研究，在大体上相近的时间里先后完成的。比较特殊的是牛顿创立微积分要比莱布尼茨早10年左右，但是正式公开发表微积分这一理论，莱布尼茨却要比牛顿发表早三年。他们的研究各有长处，也都各有短处。那时候，由于民族偏见，关于发明优先权的争论竟从1699年始延续了100多年。

应该指出，这是和历史上任何一项重大理论的完成都要经历一段时间一样，牛顿和莱布尼茨的工作也都是很不完善的。他们在无穷和无穷小量这个问题上，其说不一，十分含糊。牛顿的无穷小量，有时候是零，有时候不是零而是有限的小量；而莱布尼茨也不能自圆其说。这些基础方面的缺陷，最终导致了第二次数学危机的产生。

直到19世纪初,法国科学院的科学家以柯西为首,对微积分的理论进行了认真研究,建立了极限理论,后来又经过德国数学家维尔斯特拉斯进一步的严格化,使极限理论成了微积分的坚定基础,从而使微积分进一步发展开来。

本来从广义上说,数学分析包括微积分、函数论等许多分支学科,但是现在一般已习惯于把数学分析和微积分等同起来,数学分析成了微积分的同义词,一提数学分析就知道是指微积分。微积分的基本概念和内容包括微分学和积分学。

微积分是与科学应用联系着发展起来的。最初,牛顿应用微积分学及微分方程对第谷浩瀚的天文观测数据进行了分析运算,得到了万有引力定律,并进一步导出了开普勒行星运动三定律。此后,微积分学成了推动近代数学发展强大的引擎,同时也极大地推动了天文学、物理学、化学、生物学、工程学、经济学等自然科学、社会科学及应用科学各个分支的发展,并在这些学科中有越来越广泛的应用,特别是计算机的出现更有助于这些应用的不断发展。

微积分的诞生是继欧几里得几何建立之后,数学发展的又一个里程碑式的事件。微积分诞生之前,人类基本上还处在农耕文明时期。解析几何的诞生是新时代到来的序曲,但还不是新时代的开端。它对旧数学做了总结,使代数与几何融为一体,并引发出变量的概念。变量,这是一个全新的概念,它为研究运动提供了基础。

推导出大量的宇宙定律必须等待这样的时代的到来,准备好这方面的思想,产生像牛顿、莱布尼茨、拉普拉斯这样一批能够开创未来、为科学活动提供方法、指出方向的领袖,但也必须等待创立一个必不可少的工具——微积分,没有微积分,推导宇宙定律是不可能的。在17世纪的天才们开发的所有知识宝库中,这一领域是最丰富的,微积分为创立许多新的学科提供了源泉。

微积分的建立是人类头脑最伟大的创造之一,一部微积分发展史,是人类一步一步顽强地认识客观事物的历史，是人类理性思维的结晶。它给出一整套的科学方法，开创了科学的新纪元，并因此加强与加深了数学的作用。恩格斯说：有了微积分，人类才有能力把握运动和过程。有了微积分，就有了工业革命，有了大工业生产，也就有了现代化的社会。航天飞机、宇宙飞船等现代化交通工具都是微积分的直接后果。在微积分的帮助下，万有引力定律发现了，牛顿用同一个公式来描述太阳对行星的作用，以及地球对它附近物体的作用。从最小的尘埃到最遥远的天体的运动行为，宇宙中没有哪一个角落不在这些定律所包含的范围内。这是人类认识史上的一次空前的飞跃，不仅具有伟大的科学意义，而且具有深远的社会影响。它强有力地证明了宇宙的数学设计，摧毁了笼罩在天体上的神秘主义、迷信和神学。一场空前巨大的、席卷近代世界的科学运动开始了。毫无疑问，微积分的发现是世界近代科学的开端。

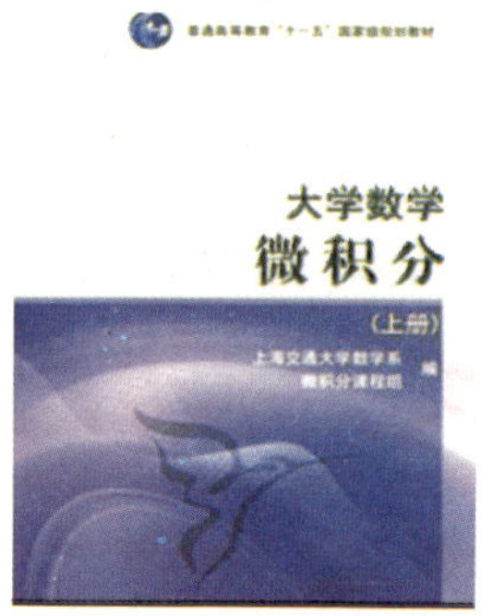

知识链接

微积分的主要内容

微积分学是数学的一个基础分支学科，源于代数和几何。内容主要包括函数、极限、导数、微分学、积分学及其应用。其中主要的是：微分学，介入分化方法。主要研究变化率(函数内的)的问题，如加速度、曲线、斜坡等。积分学，介入综合化方法来计算函数曲线下所包含的面积和旋转体的容量等问题。

解析几何的诞生

科普档案 ●**学术名称**：解析几何 ●**出现时间**：16世纪 ●**研究学者**：笛卡尔、费马等

解析几何是指借助坐标系，用代数方法研究集合对象之间的关系和性质的一门几何学分支，亦叫坐标几何。解析几何的创立，引入了一系列新的数学概念，特别是将变量引入数学，使数学进入了一个新的发展时期。

解析几何既是数学中最基本的学科之一，也是科学技术中最基本的数学工具之一。

解析几何的诞生有着深刻的历史背景。

16世纪以后，社会的各个领域里都有了较大的发展，由于生产和科学技术的发展，原有的几何学已经不能够满足需要了，科学发展推动着几何学寻求更有效的思考工具，几何学迫切需要注入新的血液。此外，日常生活中也有许多问题等待着新的、未知的数学知识来解决。就是在这样的大环

境下，解析几何学诞生了。

法国著名数学家兼哲学家笛卡儿和费马最先认识到了解析几何学的重要性，并适时地开展了这项工作。一般认为和笛卡儿同时代的法国业余数学家费马同是解析几何的创建者。

17 世纪 30 年代初，笛卡儿发表了他的著作《方法论》，在这本书的后面有一篇叫《几何学》的附录。正所谓无心插柳柳成荫，《方法论》的这个附录“反客为主”成了解析几何学这一几何学的全新分支的起点。后世的数学家和数学史学家都把笛卡儿的《几何学》作为解析几何的起点。

平面解析几何的基本思想有两个要点：第一，在平面建立坐标系，一点的坐标与一组有序的实数对相对应；第二，在平面上建立了坐标系后，平面上的一条曲线就可由带两个变数的一个代数方程来表示了。从这里可以看到，运用坐标法不仅可以把几何问题通过代数的方法解决，而且还把变量、函数以及数和形等重要概念密切地联系了起来。

解析几何学将算术、代数、几何统一起来了，笛卡儿的《几何学》正是与解析几何学的这一基本思想不谋而合，从他的这本书中可以看出，笛卡儿正是试图建立起一种这样的数学。笛卡儿想，把任何数学问题化为一个代数问题，再把任何代数问题归结到去解一个方程式。笛卡儿和费马通过把坐标系引入到几何图形中，将几何的基本元素——点，与代数的基本研究对象——数，对应起来，从而将几何问题转化为代数问题，将曲线或曲面转化为方程、函数进行解决，这就是解析几何的基本思想之一。笛卡儿在《几何学》里所阐述的解析几何，并不是全面的、完善的，但他和费马的这次重要发

□法国著名数学家笛卡尔

现为今后解析几何学的发展与应用做出了巨大的贡献。

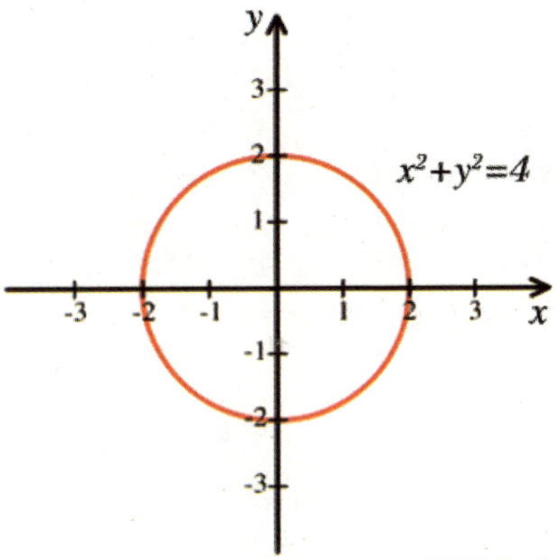

□坐标法

坐标系是解析几何中联系各种量的桥梁和纽带，所以解析几何首先是建立坐标系。有了坐标系就将几何对象和数、几何关系和函数之间联系了起来，有了坐标，才能谈坐标间的函数关系，才能谈函数关系的几何意义，这正是解析几何的灵魂所在。但现代解析几何的研究方法是多样的，除了坐标法，还有向量法等，研究对象也不仅仅是简单的二维、三维的情况，而是更广泛的内容了。

解析几何学在当时的诞生使数学能够满足时代的发展需要，对今天的数学发展仍然有着重大的作用。

知识链接

解析几何的运用

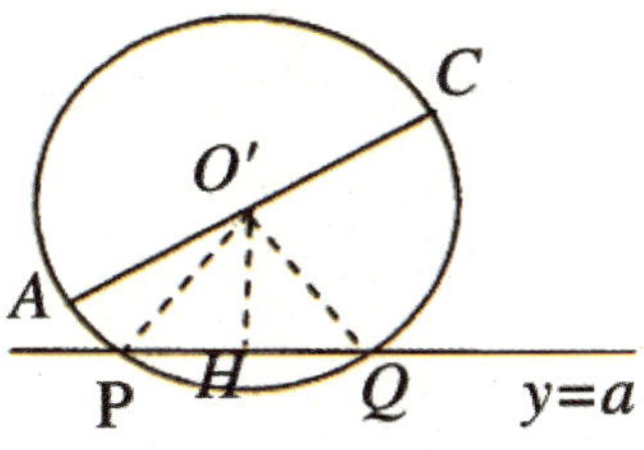

平面解析几何中，除了研究直线的有关性质外，主要是研究圆锥曲线（圆、椭圆、抛物线、双曲线）的有关性质。空间解析几何除了研究平面、直线的有关性质外，主要研究柱面、锥面、旋转曲面。椭圆、双曲线、抛物线的有关性质，在生产或生活中被广泛应用。比如电影放映机的聚光灯泡的反射面是椭圆面，灯丝在一个焦点上，影片门在另一个焦点上；探照灯、聚光灯、太阳灶、雷达天线、卫星的天线、射电望远镜等都是利用抛物线的原理制成的。

六十进位制

科普档案 ●**学术名称**:六十进位制●**起源**:公元前3世纪的古闪族●**用途**:计算角度、地理坐标和时间

六十进位制是以60为基数的进位制，源于公元前3世纪的古闪族，后传至巴比伦，与其他进位制不同，六十进位制在一般运算和逻辑中并不常用，主要用于计算角度、地理坐标和时间。

在我们的日常生活中,十进制是最为大家所熟知的,也是应用最普遍、最广泛的,除了十进制,与我们的生活密切相关的还有六十进位制。被认为是现代社会中人的第二生命的时间就是用六十进位制来表示的。大家有没有想过,同是表示量的词,时间和角度为什么“别出心裁”地用六十进位制来表示呢?

我们先来了解一下六十进位制的历史。六十进位制最初起源于巴比伦,关于各个古老文明数学记数法的应用,古埃及、印度、中国都是采用十

□只有古巴比伦王国采用六十进位制

进制，只有古巴比伦王国采用六十进位制。关于古巴比伦人使用六十进位制的原因，学术界向来说法不一。大致有三种观点能被人们接受，成为主流观点：第一，有些数学家认为以 60 为基数计算方便，运算简化；第二，这与巴比伦人的历法有关；第三，与巴比伦人已熟悉六等分圆周相结合而得 60 进位。

2的幂	十进制数	八进制数	四进制数	二进制数
2^0	1	1	1	1
2^1	2	2	2	10
2^2	4	4	10	100
2^3	8	10	20	1000
2^4	16	20	100	10000
2^5	32	40	200	100000
2^6	64	100	1000	1000000
2^7	128	200	2000	10000000
2^8	256	400	10000	100000000
2^9	512	1000	20000	1000000000
2^{10}	1024	2000	100000	10000000000
2^{11}	2048	4000	200000	100000000000
2^{12}	4096	10000	1000000	1000000000000

□进位计数制表

在我们今天的各种单位的换算中只有时间和角度采用六十进位制，然而从表面上看，时间和角度的单位又是各自不同的，时间的单位是小时，角度的单位是度，它们完全没有关系。可是，为什么它们都分成分、秒等名称相同的小单位呢？为什么又都用六十进位制呢？为什么时间和角度没有跟随十进制的大军呢？

我们的先祖在生产生活过程中，渐渐地开始对大自然进行探索，今天的人们仍然没有停下探索大自然的脚步。人们在进行生产、农耕、祭祀的过程中，天文和历法慢慢成了迫切需要解决的问题，时间和角度恰恰就是天文和历法的两个主要基本单位、基本元素。正是这样一种关系使时间和角度联系在了一起。譬如人们研究昼夜的变化，就涉及地球的自转，对地球自转的研究，就将时间和角度紧紧地联系在一起了。科学是严谨的，对于天文和历法来说，就更需要精准的计算，然而单位太大势必会影响研究的精确度，所以人们将时间和角度从小时和度继续向下分，于是就出现了分和秒这样比度还小的单位。

时间和角度都要求它们的小数单位具有这样的性质：使 1/2、1/3、1/4、1/5、1/6 等都能成为它的整数倍。以 1/60 作为单位，就正好具有这个性质。

譬如:1/2 等于 30 个 1/60,1/3 等于 20 个 1/60,1/4 等于 15 个 1/60……人们根据时间和角度这种特有的性质又将度分成了分和秒。

数学上习惯把这个 1/60 的单位叫作“分”,用符号“′”来表示;把 1 分的 1/60 的单位叫作“秒”,用符号“″”来表示。时间和角度都用分、秒作小数单位。这个小数对数学的计算来说不仅精确度提高了,它还使计算更加方便、简洁了。

由于天文和历法一直陪伴着人们,所以六十进位制已长久地为全世界的科学家们所习惯,所以也就一直沿用到今天。六十进位制至今仍在不少领域内被应用,我国的天干地支纪年法也是一种对六十进位制的应用。

事物之间都是普遍联系的,只是有时候人们没有发现它。时间和角度的六十进位制是和天文历法相联系的,所以它并没有采用十进制,是大自然的联系造就了时间和角度的六十进位制。

知识链接

$$
\begin{array}{r}
0.375 \\
\times \quad 2 \\
\hline
0.750
\end{array}
\quad \text{乘积无进位}
$$

$$
\begin{array}{r}
0.750 \\
\times \quad 2 \\
\hline
1.500
\end{array}
\quad \text{乘积有进位}
$$

$$
\begin{array}{r}
1.500 \\
\times \quad 2 \\
\hline
3.000
\end{array}
\quad \text{乘积有进位}
$$

进位计数制的三个基本要素

进位计数制的三个基本要素是数位、基数和位权。数位是指数码在一个数中所处的位置;基数是指在某种进位计数制中,每个数位上所能使用的数码的个数;位权是指在某种进位计数制中,每个数位上的数码所代表的数值的大小, 等于在这个数位上的数码乘上一个固定的数值, 这个固定的数值就是这种进位计数制中该数位上的位权。数码所处的位置不同,代表数的大小也不同。

勾股定理

科普档案 ●**学术名称**:勾股定理●**发现学者**:古希腊数学家毕达哥拉斯●**相关书籍**:《数学原理》等

在我国，把直角三角形的两直角边的平方和等于斜边的平方这一特性叫作勾股定理或勾股弦定理。勾股定理是一个基本的几何定理，它是用代数思想解决几何问题的最重要的工具之一，也是数形结合的纽带之一。

“勾三股四弦必五”,这个口诀在我国流传甚广,这句话就连没上学的小孩子也能脱口而出。这个口诀说的就是举世闻名的勾股定理。

勾股定理又称商高定理,西方将它称之为毕达哥拉斯定理。勾股定理的内容是:在直角三角形中,两直角边的平方和等于斜边的平方。这句看似简单的话,却凝聚了成百上千个数学家的心血。

人们对勾股定理的认识是一个循序渐进的过程。在现存的历史文献中,有很多关于勾股定理的记载。早在公元前15世纪,古埃及人就发现了这个玄妙的定理,这也是目前被认为是人类对“勾三股四弦五”的最早的发现。中国古代的数学家们也对勾股定理做过阐述。我国最早的一部数学著作《周髀算经》就是以勾股定理作为本书的开始的,在公元前11世纪,周公与数学家商高在一起探讨直角三角形的问题时有过这样一段对话:

周公问:“我听说您对数学非常精通,我想请教一下:世界上不存在能上得了天的梯子,我们也没办法用尺子去一段一段地丈量每一寸土地,那么请问我们怎样才能知道天和地离得有多远呢?”

商高回答说:“数的产生来源于对方和圆这些形体的认识。其中有一条原理:当直角三角形‘矩’得到的一条直角边‘勾’等于3,另一条直角边‘股’等于4的时候,那么它的斜边‘弦’就必定是5。这个原理是大禹在治水的时候就总结出来的啊。”

□古希腊数学家毕达哥拉斯

勾股定理是不是大禹治水时总结的，我们不得而知，但在这段话中显而易见的是我国早在公元前11世纪就已经发现并使用了勾股定理。

在西方，勾股定理是古希腊数学家毕达哥拉斯在公元前5世纪首先发现的，所以西方又将勾股定理称为毕达哥拉斯定理。其实这个定理要早于这个时间被人们发现，这个时间实际上是毕达哥拉斯证明这个定理的时间，他是最早证明这个定理的人。关于他是如何证明这个定理的现在已经无从考证了。我国古代也有数学家曾经尝试过来证明它，三国时期吴国的数学家赵爽就取得了重大收获，并由此开创了中国数形统一的先例。现在人们已经有了400多种方法来证明这个定理。

勾股定理虽然是一个古老的定理，但却始终散发着神奇的气息，人们在勾股定理的基础上又发展了很多重要的理论，其中包括开平方、开立方，用勾股定理求圆周率等等。它一直以来吸引着中外数学家们的目光，可见它的独特魅力。

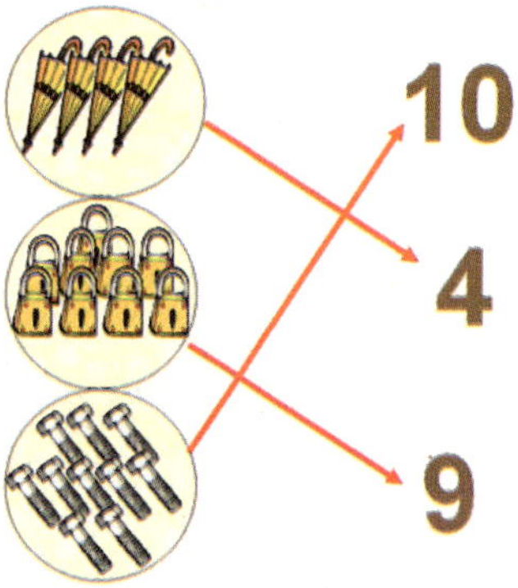

知识链接

数形结合

数形结合是学习数学的一种重要的思想方法，它使数与形达成了完美的统一。其实质就是将抽象的数学语言与直观的图形结合起来，使抽象思维和形象思维结合起来，在解决代数问题时，想到它的图形，从而启发思维，找到解题之路；或者在研究图形时，利用代数的性质，解决几何的问题。实现抽象概念与具体形象的联系和转化，化难为易，化抽象为直观。

圆周率的发现旅程

科普档案 ●**学术名称**:圆周率●**研究学者**:阿基米德、中国数学家刘徽、阿拉伯数学家卡西等

圆周率 π 是一个在数学及物理学普遍存在的数学常数。它定义为圆形之周长与直径之比,也等于圆形面积与半径平方之比。是精确计算圆周长、圆面积、球体积等几何形状的关键值。

圆周率是指平面上圆的周长与直径之比。用希腊字母 π 表示。中国古代有圆率、周率、周等名称。

历史上曾采用过圆周率的多种近似值,早期大都是通过实验而得到的结果,如古埃及纸草书(约公元前 1700)中取 $\pi\approx(4/3)^4\approx3.1604$。第一个用科学方法寻求圆周率数值的人是阿基米德,他在大约公元前 3 世纪时的《圆的度量》中用圆内接和外切正多边形的周长确定圆周长的上下界,从正六边形开始,逐次加倍计算到正 96 边形,得到 $[3+(10/71)]<\pi<[3+(1/7)]$,开创了圆周率计算的几何方法(亦称古典方法或阿基米德方法),得出精确到小数点后两位的 π 值。

□中国古代数学家祖冲之

中国数学家刘徽在注释《九章算术》时只用圆内接正多边形就求得 π 的近似值,也得出精确到两位小数的 π 值,他的方法被后人称为割圆术。他用割圆术一直算到圆内接正 192 边形。南北朝时代数学家祖冲之进一步得出精确到小数点后 7 位的 π 值(约 5 世纪下半叶),给出不足近

似值 3.1415926 和过剩近似值 3.1415927，还得到两个近似分数值，密率 355/113 和约率 22/7。其中的密率在西方直到 1573 年才由德国人奥托得到，1625 年发表于荷兰工程师安托尼斯的著作中，欧洲称之为安托尼斯率。

阿拉伯数学家卡西在 15 世纪初求得圆周率 17 位精确小数值，打破祖冲之保持近千年的纪录。古今中外，许多人致力于圆周率的研究与计算。为了计算出圆周率的越来越好的近似值，一代代的数学家为这个神秘的数贡献了无数的时间与心血。19 世纪前，圆周率的计算进展相当缓慢；19 世纪后，计算圆周率的世界纪录频频创新。整个 19 世纪，可以说是圆周率的手工计算量最大的世纪。进入 20 世纪，随着计算机的发明，圆周率的计算更加突飞猛进。借助于超级计算机，人们已经得到了圆周率的 2061 亿位精度。

历史上最马拉松式的计算，其一是德国的鲁道夫·范·科伊伦，他几乎耗尽了一生的时间，计算到圆的内接正 262 边形，于 1609 年得到了圆周率的 35 位精度值，以至于圆周率在德国被称为 Ludolph 数；其二是英国的威廉·山克斯，他耗费了 15 年的光阴，在 1874 年算出了圆周率的小数点后

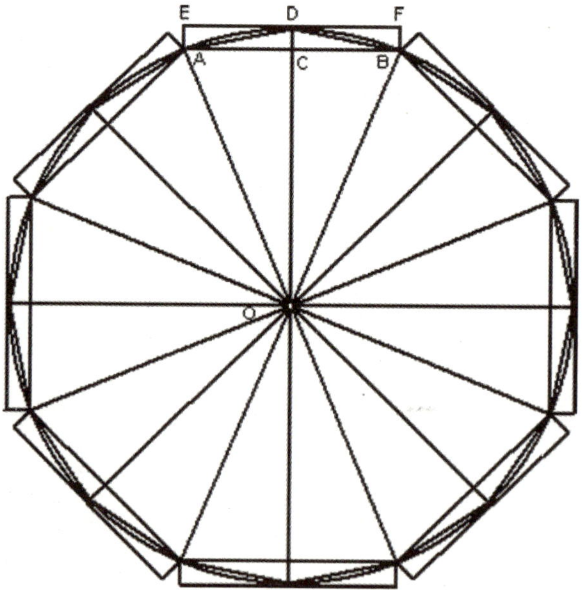

□刘徽的割圆术

707位。可惜的是，后人发现，他从第528位开始就算错了。

把圆周率的数值算得这么精确，实际意义并不大。现代科技领域使用的圆周率值，有十几位已经足够了。如果用鲁道夫算出的35位精度的圆周率值，来计算一个能把太阳系包起来的一个圆的周长，误差还不到质子直径的百万分之一。以前的人计算圆周率，是要探究圆周率是否是循环小数。

□鲁道夫·范·科伊伦

自从1761年兰伯特证明了圆周率是无理数，1882年林德曼证明了圆周率是超越数后，圆周率的神秘面纱就被揭开了。

到1948年英国的弗格森和美国的伦奇共同发表了π的808位小数值，成为人工计算圆周率值的最高纪录。

电子计算机的出现使π值计算有了突飞猛进的发展。1949年美国马里兰州阿伯丁的军队弹道研究实验室首次用计算机计算π值，一下子就算到2037位小数，突破了千位数。1989年美国哥伦比亚大学研究人员用克雷-2型和IBM-VF型巨型电子计算机计算出π值小数点后4.8亿位数，后又继续算到小数点后10.1亿位数，创下新的纪录。至今，最新纪录是小数点后25769.8037亿位。

除π的数值计算外，它的性质探讨也吸引了众多数学家。1761年瑞士数学家兰伯特第一个证明π是无理数。1794年法国数学家勒让德又证明了π^2也是无理数。到1882年德国数学家林德曼首次证明了π是超越数，由此否定了困惑人们两千多年的“化圆为方”尺规作图问题。还有人对π的特征及与其他数字的联系进行研究。如 1929 年苏联数学家格尔丰德证明了 e^{π} 是超越数等等。

更有趣的是，为了方便记忆这个 π(3.14159265358979323846264338327950288419716939937510582097494459230781640628620899 86)的值，著名数学家华罗庚发明了如下口诀：山巅一寺一壶酒，尔乐苦煞吾，把酒吃，酒杀尔，杀不死，乐尔乐。死珊珊，霸占二妻。救我灵儿吧！不只要救妻，一路救三舅，救三妻。我一拎我爸，二拎舅（其实就是撕我舅耳），三拎妻。不要溜！司令溜，儿不溜！儿拎爸，久久不溜！

知识链接

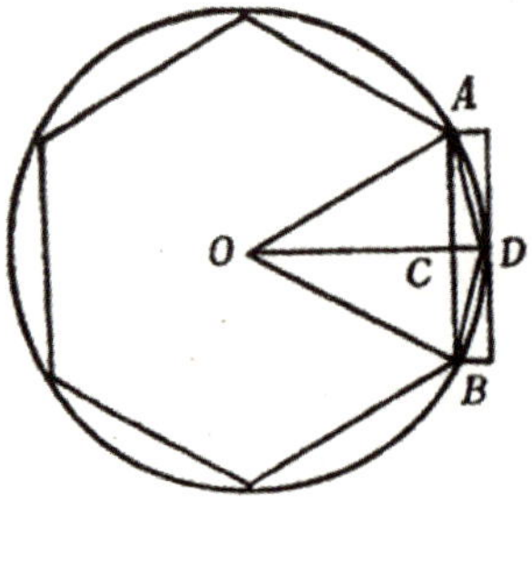

《九章算术》

《九章算术》是我国汉代学者在古代第一部数学专著，是算经十书中最重要的一种。该书系统总结了战国、秦、汉时期的数学成就。同时，《九章算术》还最早提到分数问题，并首先记录了盈不足等问题，还在世界数学史上首次阐述了负数及其加减运算法则。《九章算术》没有作者，它是一本综合性的历史著作，是当时世界上最先进的应用数学，它的出现标志着中国古代数学形成了完整的体系。

奇怪的麦比乌斯圈

科普档案 ●**学术名称：**麦比乌斯圈●**研究学者：**德国数学家麦比乌斯●**应用领域：**建筑、艺术、工业

麦比乌斯圈是一种单侧、不可定向的曲面。将一个长方形纸条 ABCD 的一端 AB 固定，CD 端扭转半周后，把 AB 和 CD 粘合在一起，得到的曲面就是麦比乌斯圈，也称莫比乌斯带。麦比乌斯圈是拓扑学中最有趣的单侧面问题之一。

麦比乌斯圈，也译作莫比乌斯带，是一种单侧、不可定向的曲面。因 A.F.麦比乌斯发现而得名。将一个长方形纸条 ABCD 的一端 AB 固定，CD 端扭转半周后，把 AB 和 CD 粘合在一起，得到的曲面就是麦比乌斯圈。

数学上流传着这样一个故事：有人曾提出，先用一张长方形的纸条，首尾相粘，做成一个纸圈，然后只允许用一种颜色，在纸圈上的一面涂抹，最后把整个纸圈全部抹成一种颜色，不留下任何空白。这个纸圈应该怎样粘？如果是纸条的首尾相粘做成的纸圈有两个面，势必要涂完一个面再重新涂另一个面，不符合涂抹的要求，能不能做成只有一个面、一条封闭曲线做边界的纸圈儿呢？对于这样一个看来十分简单的问题，数百年间，曾有许多科学家进行了认真研究，结果都没有成功。后来，德国数学家麦比乌斯对此发生了浓厚兴趣，他长时间专心思索、试验，也毫无结果。

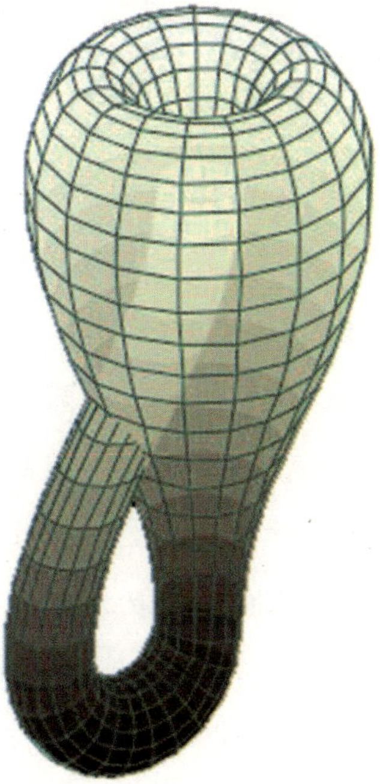
□麦比乌斯圈

有一天，麦比乌斯被这个问题弄得头昏脑涨了，便到野外去散步。新鲜的空气，清凉的风，

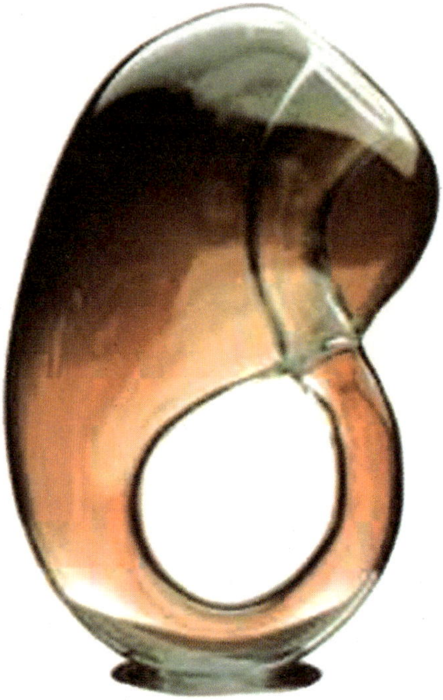
□莫比乌斯环

使他顿时感到轻松舒适，但他头脑里仍然只有那个尚未找到的圈儿。一片片肥大的玉米叶子，在他眼里变成了“绿色的纸条儿”，他不由自主地蹲下去，摆弄着、观察着。叶子弯曲着耷拉下来，有许多扭成半圆形的，他随便撕下一片，顺着叶子自然扭的方向对接成一个圆圈儿，他惊喜地发现，这“绿色的圆圈儿”就是他梦寐以求的那种圆圈。麦比乌斯回到办公室，裁出纸条，把纸的一端扭转 180°，再将两端粘在一起，这样就做成了只有一个面的纸圈儿。圆圈做成后，麦比乌斯捉了一只小甲虫，放在上面让它爬。结果，小甲虫不翻越任何边界就爬遍了圆圈儿的所有部分。麦比乌斯激动地说：“公正的小甲虫，你无可辩驳地证明了这个圈儿只有一个面。”麦比乌斯圈就这样被发现了。

关于麦比乌斯圈的单侧性，可如下直观地了解，如果给麦比乌斯圈着色，色笔始终沿曲面移动，且不越过它的边界，最后可把麦比乌斯圈两面均涂上颜色，即区分不出何是正面，何是反面。对圆柱面则不同，在一侧着色不通过边界不可能对另一侧也着色。单侧性又称不可定向性。以曲面上除边缘外的每一点为圆心各画一个小圆，对每个小圆周指定一个方向，称为相伴麦比乌斯圈单侧曲面圆心点的指向，若能使相邻两点相伴的指向相同，则称曲面可定向，否则称为不可定向。麦比乌斯圈是不可定向的。

莫比乌斯带本身具有很多奇妙的性质。如果你从中间剪开一个莫比乌斯带，不会得到两个窄的带子，而是会形成一个把纸带的端头扭转了两次再结合的环（并不是莫比乌斯带），再把刚刚做出那个把纸带的端头扭转了两次再结合的环从中间剪开，则变成两个环。如果你把带子的宽度分为三分，并沿着分割线剪开的话，会得到两个环，一个是窄一些的莫比乌斯带，另一个则是一个旋转了两次再结合的环。另外一个有趣的特性是将纸带旋转多次再粘贴末端而产生的。比如旋转三个半圈的带子再剪开后会形成一个三叶结。剪开带子之后再进行旋转，然后重新粘贴则会变成数个。莫比乌斯带常被认为是无穷大符号“∞”的创意来源，因为如果某个人站在一个巨大的莫比乌斯带的表面上沿着他能看到的“路”一直走下去，他就永远不会停下来。但是这是一个不真实的传闻，因为“∞”的发明比莫比乌斯带还要早。

麦比乌斯圈还有着更为奇异的特性。一些在平面上无法解决的问题，却不可思议地在麦比乌斯圈上获得了解决。比如在普通空间无法实现的“手套易位问题”：人左右两手的手套虽然极为相像，但却有着本质的不同。我们不可能把左手的手套贴切地戴到右手上去；也不能把右手的手套贴切地戴到左手上来。无论你怎么扭来转去，左手套永远是左手套，右手套也永远是右手套。不过，倘若自你把它搬到麦比乌斯圈上来，那么解决起来就易如反掌了。“手套易位问题”告诉我们：堵塞在一个扭曲了的面上，左、右手系的物体是可以通过扭曲时实现转换。但是，麦比乌斯圈具有一条非常明显的边界。这似乎是一种美中不足。公元1882年，另一位德国数学家费力克斯·克莱因，终于找到了一种自我封闭而没有明显边界的模型，后来以他的名字命名为“克莱因瓶”。这种怪瓶实际上可以看作是由一对麦比乌斯圈沿边界粘合而成。通常的一张纸条两端对接得到的纸环是有两个面的。你拿一张纸

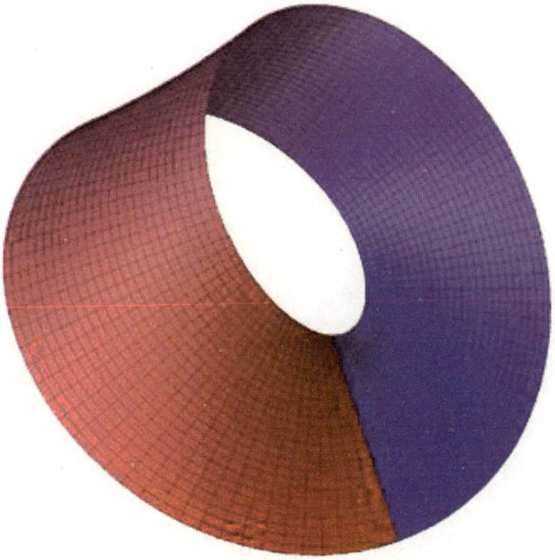

□莫比乌斯带

条，一端扭转180度，对接起来。这样你用一支铅笔在纸带中央点一个点，然后以这个点为起点沿着纸带画线，画一圈，两个点重合了，但是不在同一个面上。要想回到原处，必须再走一圈。麦比乌斯圈其实是一怪圈。如果走不出莫比乌斯带，第四维的存在就不具备意义。然而莫比乌斯带永远不会从二维中走出，那么时间之于过程，便不具有任何存在意义。企图从一个虚数轴里探寻所有谜底，仿佛更是一个没有谜底的谜。一群三维生物将生存的莫名性寄托在无法跨越的四维空间，又仿佛很有出路的样子。

数学中有一个重要分支叫“拓扑学”，主要是研究几何图形连续改变形状时的一些特征和规律的，“麦比乌斯圈”变成了拓扑学中最有趣的单侧面问题之一。麦比乌斯圈的概念被广泛地应用到了建筑、艺术、工业生产中。运用麦比乌斯圈原理我们可以建造立交桥和道路，避免车辆行人的拥堵。

知识链接

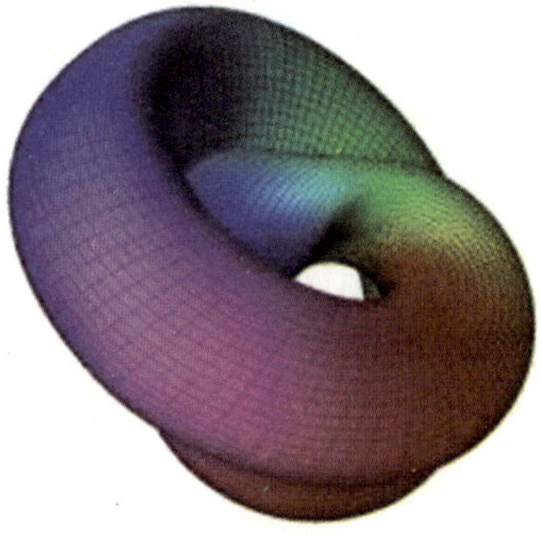

莫比乌斯环拧劲

“莫比乌斯环拧劲”就是让人百思不得其解、知道它存在，但却未能明确找到和明确表达出来的“上帝之手”。现代物理科学对此也有了最近、最新的发现，将之称为“暗物质”或“暗能量”，实质上是找到宇宙生成时的“莫比乌斯环拧劲”，而在宇宙时空下“暗物质”是“暗能量”生成物质时的中间态，会以“暗能量”生成一对正反对立的两倍“能量”的形式存在并且会无处不在。正因为有了“莫比乌斯环拧劲”或“暗能量”才有了推动宇宙万物的“时间之箭”。

出入相补原理的证明

科普档案 ●**理论名称**:出入相补原理●**创建学者**:中国数学家刘徽●**时间**:三国时期

出入相补是古代中国数学中一条用于推证几何图形的面积或体积的基本原理，最早由三国时代魏国数学家刘徽创建。应用这一原理，容易得出三角形面积等于高底相乘积的一半的公式，由此可以推算任意多角形的面积。

出入相补原理是指一个平面图形从一处移置他处,面积不变。若把图形分割成若干块,那么各部分面积的和等于原来图形的面积,因而图形移置前后诸面积间的和、差有简单的相等关系。立体的情形也是这样。

我国古代几何学不仅有悠久的历史,丰富的内容,重大的成就,而且有一个具有我国自己的独特风格的体系,和西方的欧几里得体系不同。这一几何体系的全貌还有待于发掘整理,田亩丈量和天文观测是我国几何学的主要起源,二者导出面积问题和勾股测量问题,计算容积、土建工程又导出体积问题。我国古代几何学的特色之一是,依据这些方面的经验成果,总结提高成一个简单明白、看起来似乎极不足道的一般原理——出入相补原理,并且把它应用到形形色色多种多样的问题上去。

应用出入相补这一原理,容易得出三角形面积等于高底相乘积的一半这一通常的公式,由此拟定任意多角形的面积。

明末耶稣会传教士利玛窦来我国,他的主要学术工作之一是介绍欧几里得几何体系。他曾口授《测量法义》一

□欧几里得

□明末耶稣会传教士利玛窦

书，其中载有和海岛题完全类似的一题。在他所作的证明中，需要另外附加一个条件，然后再用比例理论作证。按常理来说，利玛窦应该作平行线，但是他一反欧几里得惯例而和我国古代传统不谋而合，颇使人迷惑不解。

在《周髀》和《九章》中，都已经明确给出了勾股定理的一般形式：勾^2+股^2=弦^2。虽然原证不传，但是据《勾股定理说》以及《刘徽九章算术注》，都依出入相补原理证明，并且有遗留到现在可以用来作证的赵爽残图。欧几里得《几何原本》中勾股定理的证明，其中要先证有关三角形全等形以及三角形面积的一些定理，为此要做不少准备工作，因而在《几何原本》中直到卷一之末出现这一定理，而在整个《几何原本》中几乎没有用到。而在我国，勾股定理在《九章》中已经有多种多样的应用，成为2000年来数学发展的一个重要的出发点。

在东西方的古代几何体系中，勾股定理所占的地位是颇不相同的。勾、股、弦和它们之间的和差共九个数，只需知道其中的两个就可以求得其他几个。除勾、股、弦互求就是开方之外，《九章》勾股章中有不少这方面的问题：第一，知股弦差、勾，求股、弦（五题）；第二，知勾股差、弦，求勾、股（一题）；第三，知股弦差、勾弦差，求勾、股、弦（一题）；第四，知股弦和、勾，求股、弦（一题）。各题都列出了一般公式，《勾股说》的许多命题也属这一类，《刘徽九章算术注》还给出了证明，公式的来历和证明的方法都依据出入相补原理，有的也用比例作别证。事实上，《周髀》中已经给出了若干具体数目的平方根，而在《九章》中，更详细说明了开平方的具体方法步骤。这一方法的根据是几何的，就是出入相补原理。

我国开平立方法来源很古，它的几何本质十分清晰，而且方法上可以看出我国独有而世界古代其他民族所无的位值制记数法的高度优越性。不仅这样，至迟到11世纪中叶，我国就已经把开平立方法推广到开任何高次幂，就是所谓“增乘开方法”，并且出现了有关的二项式定理系数表，就是所谓“开方作法本源图”。从这一方法的几何渊源看来，如果说当时我国数学家已经有高维方体和高维几何的初影，似乎不是全无根据的。

宋元时期明确引入了未知数的概念。如果以 x(当时称为天元一)表示长方形宽，那么刚才的问题相当于解一个二次方程 $x^2+ax=b$。所以在古代实质上已经给出了这一形式二次方程(a，b 都是正数)的近似解和精确解，前者在宋元时期发展为求任意高次方程的数值解法，后者虽文献散佚不可查考，但是据唐初王孝通的著作以及史书关于祖冲之的引述看来，不能排除我国曾经对三次方程用几何方法求得精确表达的可能性。在其他各国，公元 9 世纪的时候，阿拉伯数学家花剌子模的代数学名著中列举了各种类型二次方程的精确解法，它的方法是几何的，它的精神实质和出入相补原理颇相类似。公元 16 世纪，意大利数学家关于三次方程的解法，也完全是几何的。如果规定长方形的面积是长宽的积，欧洲直到 19 世纪末，才把它作为一个难题明确地提了出来。公元 1900 年德国数学家希尔伯特在国际数学会上所作著名讲演中，把体积理论列为 23 个问题之一。这一问题立即为德恩所解决，答案是否定的：两个多面体要分割成彼此重合的若干多面体，必须满足某些条件，通称德恩条件。

自此以后直到 1965 年，一位瑞士数学家西德勒才证明了德恩条件也是充分的。但是问题决不能认为已经彻底解决。从希尔伯特直到晚近，多面体体积理论仍不断成为一些知名数学家研讨的课题。德恩条件叙述复杂，也难认为是合宜的最后形式。

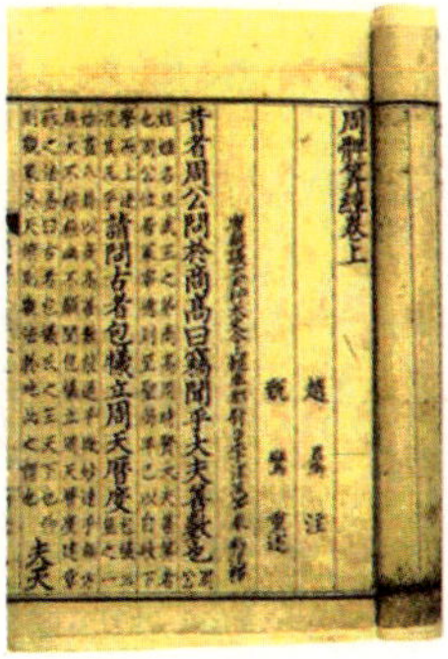

知识链接

《周髀算经》

《周髀算经》是算经的十书之一，约成书于公元前 1 世纪，是我国流传至今的最早的数学著作，同时也是一部天文学著作。《周髀算经》在数学上的主要成就是介绍了勾股定理及其在测量上的应用。书中还有开平方的问题，等差级数的问题，使用了相当繁复的分数算法和开平方法，以及应用于古代的“四分历”计算的相当复杂的分数运算，还有相当繁杂的数字计算和勾股定理的应用。

不可思议的非欧几何

科普档案 ●**学术名称**:非欧几何●**研究学者**:罗巴切夫斯基、鲍耶·雅诺什、高斯等

非欧几何是几个几何形式系统的统称。非欧几何的出现打破了欧氏几何一统天下的局面，从根本上革新和拓宽了人们对几何学的认识，导致人们对几何基础的深入研究，而且对物理学关于空间和时间等观念的变革起了重大作用。

非欧几何是一门大的数学分支,一般来讲,有广义、狭义、通常意义这三个方面的不同含义。所谓广义式泛指一切和欧几里得几何学不同的几何学;狭义的非欧几何只是指罗式几何来说的;通常意义的非欧几何,是指罗式几何和黎曼几何这两种几何。欧几里得的《几何原本》提出了五条公设,长期以来,数学家们发现第五公设和前四个公设比较起来,显得文字叙述冗长,而且也不那么显而易见。

□黎曼

非欧几何是人类认识史上一个富有创造性的伟大成果,它的创立,不仅带来了近百年来数学的巨大进步,而且对现代物理学、天文学以及人类时空观念的变革都产生了深远的影响。不过,这一重要的数学发现在罗巴切夫斯基提出后相当长的一段时间内,不但没能赢得社会的承认和赞美,反而遭到种种歪曲、非难和攻击,使非欧几何这一新理论迟迟得不到学术界的公认。罗巴切夫斯基是在尝试解

决欧氏第五公设问题的过程中，从失败走上他的发现之路的。在《几何原本》中可以不依靠第五公设而推出前28个命题。因此，一些数学家提出，第五公设能不能不作为公设，而作为定理。能不能依靠前四个公设来证明第五公设，这就是几何发展史上最著名的，争论了长达两千多年的关于“平行线理论”的讨论。

□罗巴切夫斯基

到了19世纪20年代，俄国喀山大学教授罗巴切夫斯基在证明第五公设的过程中，他走了另一条路子。他提出了一个和欧氏平行公理相矛盾的命题，用它来代替第五公设，然后与欧氏几何的前四个公设结合成一个公理系统，展开一系列的推理。他认为如果这个系统为基础的推理中出现矛盾，就等于证明了第五公设。这其实就是数学中的反证法。但是，在他极为细致深入的推理过程中，得出了一个又一个在直觉上匪夷所思，但在逻辑上毫无矛盾的命题。最后，罗巴切夫斯基得出两个重要的结论：第一，第五公设不能被证明。第二，在新的公理体系中展开的一连串推理，得到了一系列在逻辑上无矛盾的新的定理，并形成了新的理论。这个理论像欧氏几何一样是完善的、严密的几何学。这种几何学被称为罗巴切夫斯基几何，简称罗氏几何。这是第一个被提出的非欧几何学。从罗巴切夫斯基创立的非欧几何学中，可以得出一个极为重要的、具有普遍意义的结论：逻辑上互不矛盾的一组假设都有可能提供一种几何学。几乎在罗巴切夫斯基创立非欧几何学的同时，匈牙利数学家鲍耶·雅诺什也发现了第五公设不可证明和非欧几何学的存在。鲍耶在研究非欧几何学的过程中也遭到了家庭、社会的冷漠对待。他的父亲——数学家鲍耶·法尔卡什认为研究第五公设是耗费精力劳而无功的蠢事，劝他放弃这种研究。但鲍耶·雅诺什坚持为发展新的几何学而辛勤工作。终于在1832年，在他的父亲的一本著作里，以附录的形式发表了研究结果。

那个时代被誉为“数学王子”的高斯也发现第五公设不能证明，并且研究了非欧几何。但是高斯害怕这种理论会遭到当时教会力量的打击和迫害，不敢公开发表自己的研究成果，只是在书信中向自己的朋友表示了自己的看法，也不敢站出来公开支持罗巴切夫斯基、鲍耶他们的新理论。

罗氏几何学的公理系统和欧氏几何学不同的地方仅仅是把欧氏几何平行公理用“从直线外一点，至少可以做两条直线和这条直线平行”来代替，其他公理基本相同。由于平行公理不同，经过演绎推理却引出了一连串和欧氏几何内容不同的新的几何命题。罗氏几何除了一个平行公理之外采用了欧氏几何的一切公理。因此，凡是不涉及平行公理的几何命题，在欧氏几何中如果是正确的，在罗氏几何中也同样是正确的。在欧氏几何中，凡涉及平行公理的命题，在罗氏几何中都不成立，他们都相应地含有新的意义。但是，数学家们经过研究，提出可以用人们习惯的欧氏几何中的事实作一个直观“模型”来解释罗氏几何是正确的。1868 年，意大利数学家贝特拉米发表了一篇著名论文《非欧几何解释的尝试》，证明非欧几何可以在欧几里得空间的曲面（例如拟球曲面）上实现。这就是说，非欧几何命题可以“翻译”成相应的欧几里得几何命题，如果欧几里得几何没有矛盾，非欧几何也就自然没有矛盾。人们既然承认欧几里得几何是没有矛盾的，所以也就自然承认非欧几何没有矛盾了。直到这时，长期无人问津的非欧几何才开始获得学术界的普遍注意和深入研究，罗巴切夫斯基的独创性研究也就由此得到学术界的高度评价和一致赞美，他本人则被人们赞誉为“几何学中的哥白尼”。

欧氏几何与罗氏几何中关于结合公理、顺序公理、连续公理及合同公理都是相同的，只是平行公理不一样。欧氏几何讲“过直线外一点有且只有一条直线与已知直线平行”。罗氏几何讲“过直线外一点至少存在两条直线和已知直线平行”。那么是否存在这样的几何“过直线外一点，不能做直线和已知直线平行”？黎曼几何就回答了这个问题。

黎曼几何是德国数学家黎曼创立的。他在 1851 年所写的一篇论文《论几何学作为基础的假设》中明确地提出另一种几何学的存在，开创了几何学的一片新的广阔领域。黎曼几何中的一条基本规定是:在同一平面内任何两条直线都有公共点(交点)。在黎曼几何学中不承认平行线的存在,它的另一条公设讲道:直线可以无限延长,但总的长度是有限的。黎曼几何的模型是一个经过适当“改进”的球面。近代黎曼几何在广义相对论里得到了重要的应用。在物理学家爱因斯坦的广义相对论中的空间几何就是黎曼几何。在广义相对论里,爱因斯坦放弃了关于时空均匀性的观念,他认为时空只是在充分小的空间里以一种近似性而均匀的,但是整个时空却是不均匀的。在物理学中的这种解释,恰恰和黎曼几何的观念是相似的。此外,黎曼几何在数学中也是一个重要的工具。它不仅是微分几何的基础,也应用在微分方程、变分法和复变函数论等方面。

欧氏几何、罗氏几何、黎曼几何是三种各有区别的几何。这三种几何各自所有的命题都构成了一个严密的公理体系, 各公理之间满足和谐性、完备性和独立性。因此这三种几何都是正确的。在人们这个不大不小、不远不近的空间里,也就是在人们的日常生活中,欧氏几何是适用的;在宇宙空间中或原子核世界,罗氏几何更符合客观实际;在地球表面研究航海、航空等实际问题中,黎曼几何更准确一些。

知识链接

《几何原本》

《几何原本》是古希腊数学家欧几里得所著的,是世界上最完整且流传最广的一部数学著作,共 13 卷。在《几何原本》里,欧几里得系统地总结了古代劳动人民和学者们在实践和思考中获得的几何知识,并把人们公认的一些事实列成定义和公理,以形式逻辑的方法,用这些定义和公理来研究各种几何图形的性质,从而建立了一套从公理、定义出发,论证命题得到定理的几何学论证方法,形成了一个严密的逻辑体系——几何学。

拓扑学的由来

科普档案 ●**学科名称**:拓扑学 ●**研究学者**:瑞士数学家欧拉、英国著名数学家凯利等

拓扑学是近代发展起来的一个研究连续性现象的数学分支。于19世纪中期由科学家引入，当时主要研究的是出于数学分析的需要而产生的一些几何问题。发展至今，拓扑学主要研究拓扑空间在拓扑变换下的不变性质和不变量。

几何拓扑学是19世纪形成的一门数学分支,它属于几何学的范畴。有关拓扑学的一些内容早在18世纪就出现了，那时候发现的一些孤立的问题,后来在拓扑学的形成中占有重要的地位。

在数学上,关于哥尼斯堡七桥问题、多面体的欧拉定理、四色问题等都是拓扑学发展史上的重要问题。哥尼斯堡是东普鲁士的首都,普莱格尔河横贯其中。18世纪在这条河上建有七座桥,将河中间的两个岛和河岸连接起来。人们闲暇时经常在这上边散步,一天有人提出:能不能每座桥都只走一遍,最后又回到原来的位置。这个问题看起来很简单、很有趣,吸引了大家,很多人在尝试各种各样的走法,但谁也没有做到。看来要得到一个明确、理想的答案并不那么容易。

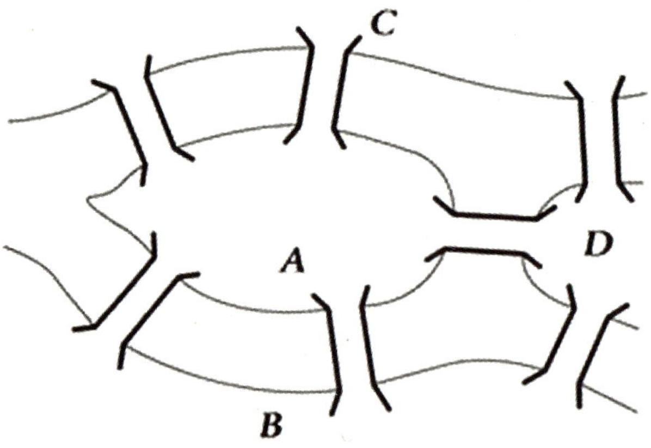

□哥尼斯堡七桥

1736年,有人带着这个问题找到了当时的大数学家欧拉,欧拉经过一番思考,很快就用一种独特的方法给出了解答。欧拉把这个问题

首先简化，他把两座小岛和河的两岸分别看作四个点，而把七座桥看作这四个点之间的连线。那么这个问题就简化成，能不能用一笔就把这个图形画出来。经过进一步的分析，欧拉得出结论——不可能每座桥都走一遍，最后回到原来的位置。并且给出了所有能够一笔画出来的图形所应具有的条件。这是拓扑学的“先声”。

□数学家欧拉

在拓扑学的发展历史中，还有一个著名而且重要的关于多面体的定理也和欧拉有关。这个定理内容是：如果一个凸多面体的顶点数是 v、棱数是 e、面数是 f，那么它们总有这样的关系：f+v−e=2。根据多面体的欧拉定理，可以得出这样一个有趣的事实：只存在五种正多面体，它们是正四面体、正六面体、正八面体、正十二面体、正二十面体。上面的几个例子所讲的都是一些和几何图形有关的问题，但这些问题又与传统的几何学不同，而是一些新的几何概念。

拓扑学的英文名是 Topology，直译是地志学，也就是和研究地形、地貌相类似的有关学科。我国早期曾经翻译成“形势几何学”、“连续几何学”、“一对一的连续变换群下的几何学”，但是，这几种译名都不大好理解，1956 年统一的《数学名词》把它确定为拓扑学，这是按音译过来的。拓扑学是几何学的一个分支，但是这种几何学又和通常的平面几何、立体几何不同。通常的平面几何或立体几何研究的对象是点、线、面之间的位置关系以及它们的度量性质。拓扑学对于研究对象的长短、大小、面积、体积等度量性质和数量关系都无关。举例来说，在通常的平面几何里，把平面上的一个图形搬到另一个图形上，如果完全重合，那么这两个图形叫作全等形。但是，在拓扑学里所研究的图形，在运动中无论它的大小或者形状都发生变化。在拓扑学里没有不能弯曲的元素,每一个图形的大小、形状都可以改变。例如,前面讲的欧拉在解决哥尼斯堡七桥问题的时候,他画的图形就不考虑它的大小、形状,仅考虑点和线的个数。这些就是拓扑学思考问题的出发点。

拓扑性质有哪些呢?首先我们介绍拓扑等价,这是比较容易理解的一个拓扑性质。在拓扑学里不讨论两个图形全等的概念,但是讨论拓扑等价的概念。比如,尽管圆和方形、三角形的形状、大小不同,在拓扑变换下,它们都是等价图形。

在拓扑变换下,点、线、块的数目仍和原来的数目一样,这就是拓扑等价。一般地说,对于任意形状的闭曲面,只要不把曲面撕裂或割破,他的变换就是拓扑变幻,就存在拓扑等价。应该指出,环面不具有这个性质。

直线上的点和线的结合关系、顺序关系,在拓扑变换下不变,这是拓扑性质。在拓扑学中曲线和曲面的闭合性质也是拓扑性质。我们通常讲的平面、曲面通常有两个面,就像一张纸有两个面一样。但德国数学家麦比乌斯(1790—1868)在1858年发现了麦比乌斯曲面。这种曲面就不能用不同的颜色来涂满两个侧面。拓扑变换的不变性、不变量还有很多。

拓扑学建立后,由于其他数学学科的发展需要,它也得到了迅速的发展。特别是黎曼创立黎曼几何以后,他把拓扑学概念作为分析函数论的基础,更加促进了拓扑学的进展。20世纪以来,集合论被引进了拓扑学,为拓扑学开拓了新的面貌。拓扑学的研究就变成了关于任意点集的对应的概念。拓扑学中一些需要精确化描述的问题都可以应用集合来论述。因为大量自然现象具有连续性,所以拓扑学具有广泛联系各种实际事物的可能性。通过拓扑学的研究,可以阐明空间的集合结构,从而掌握空间之间的函数关系。20世纪30年代以后,数学家对拓扑学的研究更加深入,提出了许多全新的概念。比如,一致性结构概念、抽象距概念和近似空间概念等等。有一门数学分支叫作微分几何,是用微分工具来研究曲线、曲面等在一点附近的弯曲情况,而拓扑学是研究曲面的全局联系的情况,因此,这两门学科应该存在某种本质的联系。1945年,美籍华人数学家陈省身建立了代数拓扑和微分几何的联系，并推进了整体几何学的发展。

□美籍华人数学家陈省身

拓扑学发展到今天，在理论上已经十分明显分成了两个分支。一个分支是偏重于用分析的方法来研究的，叫作点集拓扑学，或者叫作分析拓扑学；另一个分支是偏重于用代数方法来研究的，叫作代数拓扑。现在，这两个分支又有统一的趋势。拓扑学在泛函分析、李群论、微分几何、微分方程等许多数学分支中都有广泛的应用。

知识链接

代数拓扑

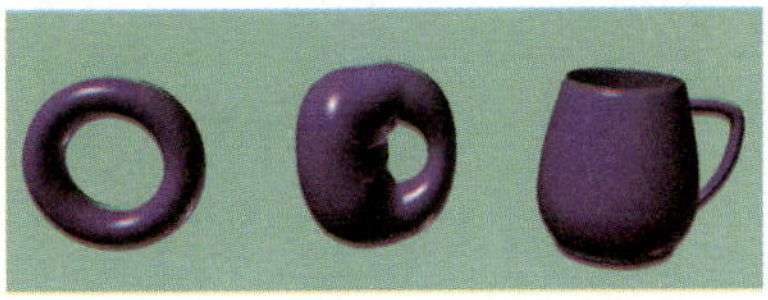

代数拓扑是使用抽象代数的工具来研究拓扑空间的数学分支。代数拓扑的经典应用包括：Brouwer 不动点定理，每个从 n 维圆盘到自身的连续映射存在一个不动点；n 维球面可以有一个无处为 0 的连续单位向量场当且仅当 n 是奇数(对于 n=2，这有时被称为“毛球定理”)；Borsuk–Ulam 定理，任何从 n 维球面到欧氏 n 维空间的映射至少将一对对角点映射到同一点；任何自由群的子群是自由的。

希尔伯特问题

科普档案 ●**人物名称:**希尔伯特●**成就:**1900 年发表了题为《数学问题》的著名演讲，提出 23 个数学问题

1900 年 8 月巴黎国际数学家代表大会上，希尔伯特发表了题为《数学问题》的著名讲演。他根据 19 世纪数学研究的成果和发展趋势，提出了 23 个数学问题。这些问题中有些现已得到圆满解决，有些至今仍未解决。

1900 年的巴黎国际数学家代表大会上，希尔伯特发表了题为《数学问题》的著名讲演。他根据过去特别是 19 世纪数学研究的成果和发展趋势，提出了 23 个最重要的数学问题。这 23 个问题通称希尔伯特问题，是许多数学家力图攻克的难关，对现代数学的研究和发展产生了深刻的影响，并起了积极的推动作用，被认为是 20 世纪数学的制高点。

希尔伯特的 23 个问题分属四大块：第 1 到第 6 问题是数学基础问题；第 7 到第 12 问题是数论问题；第 13 到第 18 问题属于代数和几何问题；第 19 到第 23 问题属于数学分析。

1.康托的连续统基数问题。1874 年，康托猜测在可数集基数和实数集基数之间没有别的基数，即著名的连续统假设。1938 年，侨居美国的奥地利数理逻辑学家哥德尔证明连续统假设与 ZF 集合论公理系统的无矛盾性。1963 年，美国数学家科思证明连续统假设与 ZF 公理彼此独立。因而，连续统假设不能用 ZF 公理加以证明。在这个意义下，问题已获解决。

2.算术公理系统的无矛盾性。欧氏几何的无矛盾性可以归结为算术公理的无矛盾性。希尔伯特曾提出用形式主义计划的证明论方法加以证明，哥德尔 1931 年发表文章对不完备性定理做出否定。根茨 1936 年使用超限归纳法证明了算术公理系统的无矛盾性。

3. 只根据合同公理证明等底等高的两个四面体有相等之体积是不可能的。问题的意思是：存在两个等高等底的四面体，它们不可能分解为有限个小四面体，使这两组四面体彼此全等。德恩 1900 年已解决。

□德国数学家希尔伯特

4. 两点间以直线为距离最短线问题。此问题提的一般。满足此性质的几何很多，因而需要加以某些限制条件。1973 年，苏联数学家波格列洛夫宣布，在对称距离情况下，问题获解决。

5.拓扑学成为李群的条件（拓扑群）。这一个问题简称连续群的解析性，即：是否每一个局部欧氏群都一定是李群。1952 年，由格里森、蒙哥马利、齐宾共同解决。1953 年，日本的山迈英彦已得到完全肯定的结果。

6.对数学起重要作用的物理学的公理化。1933 年，苏联数学家柯尔莫哥洛夫将概率论公理化。后来，在量子力学、量子场论方面取得成功。但对物理学各个分支能否全盘公理化，很多人有怀疑。

7.某些数的超越性的证明。需证：如果 α 是代数数，β 是无理数的代数数，那么 α^β 一定是超越数或至少是无理数（例如，$2^{\sqrt{2}}$ 和 e^π）。苏联的盖尔封特 1929 年、德国的施奈德及西格尔 1935 年分别独立地证明了其正确性。但超越数理论还远未完成。目前，确定所给的数是否是超越数，尚无统一的方法。

8.素数分布问题，尤其针对黎曼猜想、哥德巴赫猜想和孪生素数问题。素数是一个很古老的研究领域。希尔伯特在此提到黎曼猜想、哥德巴赫猜想以及孪生素数问题。黎曼猜想至今未解决，哥德巴赫猜想和孪生素数问题目前也未最终解决，其最佳结果均属中国数学家陈景润。

9.一般互反律在任意数域中的证明。1921 年由日本的高木贞治，1927 年由德国的阿廷各自给予基本解决。而类域理论至今还在发展之中。

10.能否通过有限步骤来判定不定方程是否存在有理整数解？求出一个整数系数方程的整数根，称为丢番图(约 210~290，古希腊数学家)方程可解。1950 年前后，美国数学家戴维斯、普特南、罗宾逊等取得关键性突破。1970 年，巴克尔、费罗斯对含两个未知数的方程取得肯定结论。1970 年，苏联数学家马蒂塞维奇最终证明：在一般情况下，答案是否定的。尽管得出了否定的结果，却产生了一系列很有价值的副产品，其中有不少和计算机科学有密切联系。

11.一般代数数域内的二次型论。德国数学家哈塞和西格尔在 20 世纪 20 年代获重要结果。20 世纪 60 年代，法国数学家魏依取得了新进展。

12.类域的构成问题。即将阿贝尔域上的克罗内克定理推广到任意的代数有理域上去。此问题仅有一些零星结果，离彻底解决还很远。

13.一般七次代数方程以二变量连续函数之组合求解的不可能性。七次方程 $x^7+ax^3+bx^2+cx+1=0$ 的根依赖于 3 个参数 a、b、c；$x=x(a,b,c)$。这一函数能否用两变量函数表示出来？此问题已接近解决。1957 年，苏联数学家阿诺尔德证明了任一在[0,1]上连续的实函数 $f(x_1,x_2,x_3)$ 可写成形式 $\sum hi(\xi i(x_1,x_2),x_3)(i=1,\cdots,9)$，这里 hi 和 ξi 为连续实函数。柯尔莫哥洛夫证明 $f(x_1,x_2,x_3)$ 可写成形式：$\sum_{i-1}^{9} h_i(\xi_i(x_1x_2),x_3)(i=1,\cdots,7)$ 这里 h_i 和 ξ_i 为连续实函数，ξ_{ij} 的选取可与 f 完全无关。1964 年，维土斯金推广到连续可微情形，对解析函数情形则未解决。

14.某些完备函数系的有限的证明。即域 K 上的以 $x_1,x_2,\cdots,x_n$ 为自变量的多项式 $f_i(i=1,\cdots,m)$，R 为 $K[X_1,\cdots,X_m]$ 上的有理函数 $F(X_1,\cdots,X_m)$ 构成的环，并且 $F(f_1,\cdots,f_m)\in K[x_1,\cdots,x_m]$，试问 R 是否可由有限个元素 $F_1,\cdots,F_N$ 的多项式生成？这个与代数不变量问题有关的问题，日本数学家永田雅宜于 1959 年用漂亮的反例给出了否定的解决。

15.建立代数几何学的基础。荷兰数学家范德瓦尔登1938年至1940年证明,魏依1950年已解决。一个典型的问题是:在三维空间中有四条直线,问有几条直线能和这四条直线都相交?舒伯特给出了一个直观的解法。希尔伯特要求将问题一般化,并给予严格基础。现在已有了一些可计算的方法,它和代数几何学有密切的关系。但严格的基础至今仍未建立。

16.代数曲线和曲面的拓扑研究。此问题前半部涉及代数曲线含有闭的分支曲线的最大数目。后半部要求讨论备 dx/dy=Y/X 的极限环的最多个数N(n)和相对位置,其中X、Y是x、y的n次多项式。对n=2(即二次系统)的情况,1934年福罗献尔得到N(2)≥1;1952年鲍廷得到N(2)≥3;1955年苏联的波德洛夫斯基宣布N(2)≤3,这个曾震动一时的结果,由于其中的若干引理被否定而成疑问。关于相对位置,中国数学家董金柱、叶彦谦于1957年证明了(E2)不超过两串。1957年,中国数学家秦元勋和蒲富金具体给出了n=2的方程具有至少3个成串极限环的实例。1978年,中国的史松龄在秦元勋、华罗庚的指导下,与王明淑分别举出至少有4个极限环的具体例子。1983年,秦元勋进一步证明了二次系统最多有4个极限环,并且是(1,3)结构,从而最终地解决了二次微分方程的解的结构问题,并为研究希尔伯特第16个问题提供了新的途径。

17.半正定形式的平方和表示。实系数有理函数 $f(x_1,\cdots,x_n)$ 对任意数组 $(x_1,\cdots,x_n)$ 都恒大于或等于0,确定f是否都能写成有理函数的平方和?1927年阿廷已肯定地解决。

18.用全等多面体构造空间。德国数学家比贝尔巴赫1910年,莱因哈特1928年做出部分解决。

19.正则变分问题的解是否总是解析函数?德国数学家伯恩斯坦和苏联数学家彼德罗夫斯基已解决。

20.研究一般边值问题。此问题进展迅速,已成为一个很大的数学分支,还在继续发展。

21. 具有给定奇点和单值群的Fuchs类的线性微分方程解的存在性

证明。此问题属线性常微分方程的大范围理论。希尔伯特本人于 1905 年、勒尔于 1957 年分别得出重要结果。1970 年法国数学家德利涅做出了出色贡献。

22.用自守函数将解析函数单值化。此问题涉及艰深的黎曼曲面理论，1907 年克伯对一个变量情形已解决而使问题的研究获重要突破。其他方面尚未解决。

23.发展变分学方法的研究。这不是一个明确的数学问题。20 世纪变分法有了很大发展。

希尔伯特问题中有些现已得到圆满解决，有些至今仍未解决。他在讲演中所阐发的相信每个数学问题都可以解决的信念，对于数学工作者是一种巨大的鼓舞。

知识链接

国际数学家大会

国际数学家大会，简称 ICM，是国际数学界四年一度的大集会。首次会议于 1897 年在瑞士苏黎世举行，当时只有 200 人左右参加。以后，除了第一、二次世界大战期间曾停顿外，一般是四年召开一次。国际数学家大会的议程安排由国际数学联合会指定的顾问委员会决定，邀请一批数学家分别在大会上作一小时的学术报告和学科组的分组会上作 45 分钟的学术报告。

数学科学应用

□奥秘神奇的数学王国

第2章

黄金分割的妙用

科普档案 ●**学术名称:**黄金分割 ●**应用领域:**艺术创作、建筑、人体美学、自然生活等

黄金分割是公元前6世纪古希腊数学家毕达哥拉斯发现的一个数字的比例关系。有趣的是，0.618这个数字在自然界和人们生活中到处可见，它在艺术创作、建筑、人体美学、自然生活、医学、股市、武器装备等领域都有广泛应用。

黄金分割是一种数学上的比例关系。黄金分割具有严格的比例性、艺术性、和谐性,蕴藏着丰富的美学价值。应用时一般取0.618,就像圆周率在应用时取3.14一样。把一条线段分割为两部分,使其中一部分与全长之比等于另一部分与这部分之比。其比值是一个无理数,用分数表示为$(\sqrt{5}-1)/2$,取其前三位数字的近似值是0.618。由于按此比例设计的造型十分美丽,因此称为黄金分割,也称为中外比。这是一个十分有趣的数字,我们以0.618来近似表示,通过简单的计算就可以发现$(1-0.618)/0.618=0.618$,一条线段上有两个黄金分割点。

公元前6世纪古希腊的毕达哥拉斯学派研究过正五边形和正十边形的作图,由此掌握了黄金分割。公元前4世纪,古希腊数学家欧多克索斯第一个系统研究了这一问题,并建立起比例理论。他认为所谓黄金分割,指的是把长为L的线段分为两部分,使其中一部分对于全部之比,等于另一部分对于该部分之比。而计算黄金分割最简单的方法,是计算斐波那契数列1,1,2,3,5,8,13,21,…后二数之比2/3,3/5,,5/8,8/13,13/21,…近似值的。黄金分割在文艺复兴前后,经过阿拉伯人传入欧洲,受到了欧洲人的欢迎,他们称之为“金法”,17世纪欧洲的一位数学家,甚至称它为“各种算法中最宝贵的算法”。这种算法在印度称之为“三率法”或“三数法则”,也就是我们现在常说的比例方法。公元前300年前后欧几里得撰写《几何原本》时吸收

了欧多克索斯的研究成果，进一步系统论述了黄金分割，成为最早的有关黄金分割的论著。中世纪后，黄金分割被披上神秘的外衣，意大利数学家帕乔利称中外比为神圣比例，并专门为此著书立说。德国天文学家开普勒称黄金分割为神圣分割。其实有关“黄金分割”，我国也有记载。虽然没有古希腊的早，但它是我国古代数学家独立创造的，后来传入了印度。经考证，欧洲的比例算法是源于我国而经过印度由阿拉伯传入欧洲的，而不是直接从古希腊传入的。到 19 世纪黄金分割这一名称才逐渐通行。这个被后人奉为科学和美学的金科玉律的黄金分割率，其作用不仅仅体现在诸如绘画、雕塑、音乐、建筑等艺术领域，而且在管理、工程设计等方面也有着不可忽视的作用。人们认为如果符合这一比例的话，就会显得更美、更好看、更协调。

一个很能说明问题的例子是五角星或正五边形。五角星是非常美丽的，我们的国旗上就有五颗，还有不少国家的国旗也用五角星，这是为什么？因为在五角星中可以找到的所有线段之间的长度关系都是符合黄金分割比的。正五边形对角线连满后出现的所有三角形，都是黄金分割三角形。由于五角星的顶角是 36°，这样也可以得出黄金分割的数值为 2sin18°。

古希腊人发现，将一线段的长度作为单位，在距离一端的 0.618 处将直线分成两部分，用这样比例的线组成的长方形，看上去最匀称，视觉效果最好。因此，0.618 被称为黄金分割律，被广泛地应用在造型、工艺及装饰上。

黄金分割律是一个自然法则，人类要健康长寿，膳食结构要回归自然，也应遵循黄金分割律。人类的消化道总长 9 米，其 0.618 处为 5.5 米，正是小肠的长度，恰合黄金分割率。而营养物质的消化吸收，就在小肠进行。这一特点，适合以素食为主的混合膳食结构，素食应占食物总量的

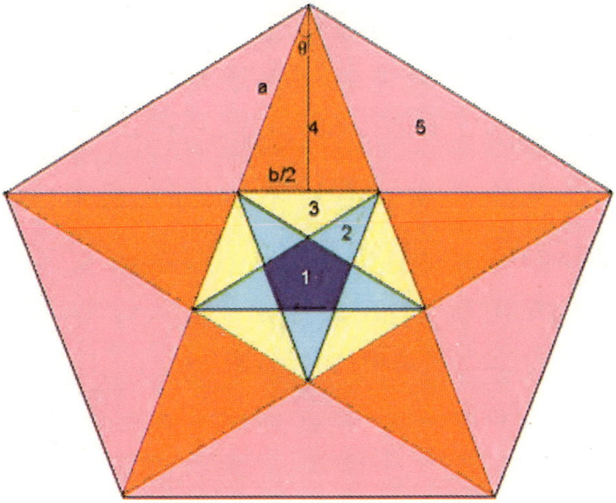

□黄金分割五角星

0.618。在一些发达国家的膳食组成中，以动物性食物为主，将黄金分割颠倒了，导致心血管疾病、糖尿病、肥胖症等“文明病”发病率上升。

人体生理活动所需要的热能，由食物中的碳水化合物、蛋白质和脂肪来供给，这三者应有一合适的比例。对健康最有利的是碳水化合物供热应占到 0.618，主要就是谷物中的淀粉，因此要以谷物为主食。蛋白质是最重要的营养物质，它由 20 个氨基酸组成，人体在合成自身蛋白质时，20 个的 0.618，即 12 个氨基酸能由机体自身细胞生产，只有另外 8 个氨基酸要由食物来供给。这 8 个氨基酸含有的丰富的蛋白质称为优质蛋白质，如动物性食物和豆类。膳食结构中，优质蛋白质应占总蛋白质的 0.618，才能保证机体的正常新陈代谢，又恰合黄金分割率。对处于生长发育阶段的青少年，更应注意到这一点。

植物油脂和动物油脂来源不同，其组成的脂肪酸也不一样，但对人体都有相应的生理功能，偏食某一种油脂都对健康不利。但最科学的是植物油与动物脂肪的食用量比例符合黄金分割：0.618 比 0.382。组成人体含量最多的物质是水，成年人水分占体重的 0.618。而人体一天损失的水分达 2500 毫升，其 0.618 为 1500 毫升，为膳食供给的水和人体合成的代谢水，余下占 0.382 的 1000 毫升水则应由饮料来补充，才能保持水平衡。

日常膳食中的米、面、肉、蛋、油、糖、酒都属于酸性食物，食用后使体液偏向酸性，形成酸性体质，属于亚健康状态，容易患病。应该多吃些碱性食品来中和调节，呈碱性的食物有海藻、食用菌、蔬菜、水果和牛奶，消费量应超过呈酸性的食物，两者比例最好也是 0.618:0.382。

生活中，黄金分割有着很多的应用。最完美的人体：肚脐到脚底的距离/头顶到脚底的距离等于 0.618；最漂亮的脸庞：眉毛到脖子的距离/头顶到脖子的距离等于 0.618；做馒头时放的发酵粉的量与面粉的比值是 0.618 时做出的馒头最好吃。

冷兵器时代，虽然人们还根本不知道黄金分割率这个概念，但人们在制造宝剑、大刀、长矛等武器时，黄金分割率的法则却早已处处体现了出来，因为按这样的比例制造出来的兵器，用起来会更加得心应手。当发射子弹的步枪刚刚制造出来的时候，它的枪把和枪身的长度比例很不科学合理，很不方便于抓握和瞄准。到了1918年，一个名叫阿尔文·约克的美远征军下士，对这种步枪进行了改造，改进后的枪型枪身和枪把的比例恰恰符合0.618的比例。实际上，从锋利的马刀刃口的弧度，到子弹、炮弹、弹道导弹沿弹道飞行的顶点；从飞机进入俯冲轰炸状态的最佳投弹高度和角度，到坦克外壳设计时的最佳避弹坡度，我们也都能很容易地发现黄金分割率无处不在。在大炮射击中，如果某种间瞄火炮的最大射程为12公里，最小射程为4公里，则其最佳射击距离在9公里左右，为最大射程的2/3，与0.618十分接近。在进行战斗部署时，如果是进攻战斗，大炮阵地的配置位置一般距离己方前沿为1/3倍最大射程处；如果是防御战斗，则大炮阵地应配置距己方前沿2/3倍最大射程处。

黄金分割点总能带给我们无限的惊喜与迷惑，这也正是它的魅力所在。它无处不在，却又让人难以琢磨。黄金分割点的存在似乎是个极大的巧合，它总是出现在意想不到却又至关重要的位置，它的存在又为大自然增添了一抹神秘而又令人诧异的色彩。

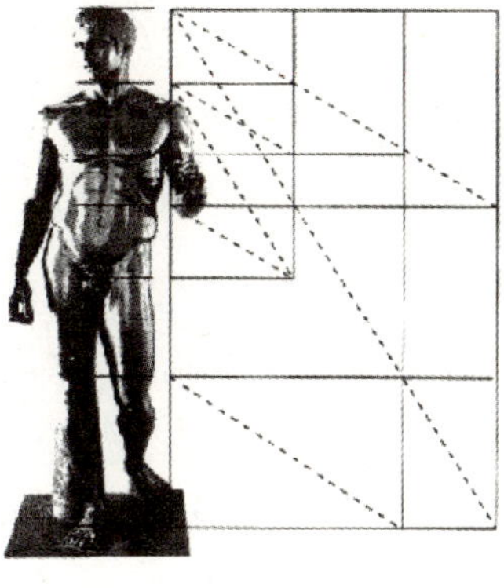

知识链接

黄金比例与人体

黄金比例0.618与人体密不可分。在身体中，肚脐以下的长度与身高之比接近0.618。肚脐不但位居身体的“黄金点”，而且还可以称之为医疗效果的“黄金点”。许多名医就是用中草药制成“兜肚”，贴在肚脐上来治疗某些疾病。对于人来说，最感到舒适惬意的气温大约为22℃~24℃，它是正常体温37℃的黄金比例（37x0.618=23），在这种环境温度下，人体的新陈代谢、生活节奏、生理机能均处于最佳的状态。

不同国家的时间划分

科普档案 ●**学术名称**：星期 ●**创制发展**：公元前7至6世纪，巴比伦人创制了星期制

星期又作周或礼拜，是一个时间单位，一个星期为七天。在不同地区，一星期的开始时间并不完全一致。许多英语国家、犹太教、日本等地的一星期是从星期六开始。多数欧洲国家则以星期一为每周的第一天。

星期，又作周或礼拜，是一个时间单位。一个星期为七天。星期制的老祖宗，是在东方的古巴比伦和古犹太国一带，犹太人把它传到古埃及，又由古埃及传到罗马，公元三世纪以后，就广泛地传播到欧洲各国。明朝末年，基督教传入我国的时候，星期制也随之传入。

阿卡德国王萨贡一世征服了苏默各城之后，他设立7天的星期系统。这是有史记载的最早的星期的记录。乌尔城邦在萨贡征服之前已经使用星期系统了，苏美尔人在时间上是伟大的创新者。我们今天使用的星期制度就是他们确立的，但是，为什么苏美尔人的星期系统不但流传下来，而且全世界通用？它的统治范围包括古代和现代的巴比伦、希腊、罗马、印度、穆斯林地区和现代的欧洲、美洲。甚至中国，也在1000多年前就“投降”了。年、月、日是时间的自然划分，星期就有点怪异了。苏美尔人使用7进制的理由

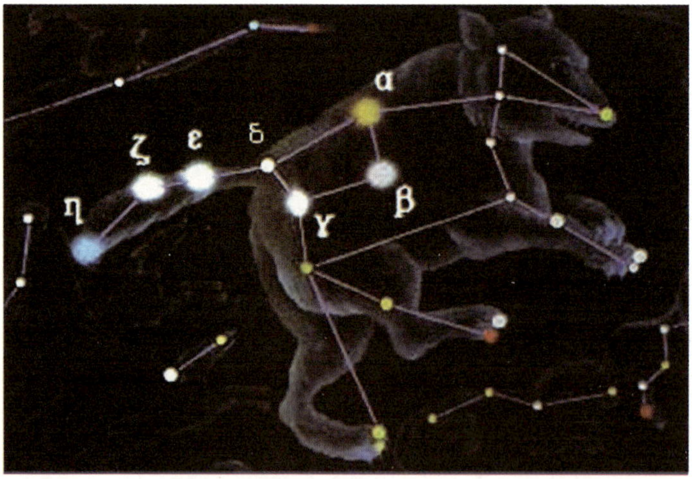

□大熊星座的七星

是他们崇拜天上的7个神，并用这7个天神的名字来命名星期中的7天。对苏美尔人自己来说，7是一个很特别的数字。他们认为生活是一棵有着7个分杈的树，有7重天。他们还认为第7天代表危险和黑暗，在这一天做任何事情都很危险。所以，这一天就成为休息日。苏美尔人7天1个星期的概念，后来被圣经的《创世纪》借鉴。2000多年前，星期的概念进入印度，但是印度的创世纪故事比希伯来的要复杂很多，他们也没有接受安息日的概念。印度人是敏锐的天象学家，他们很早就注意到大熊星座的7星，他们用洪灾之后余生的7圣人为7星命名。然而，他们还是愉快地采用了苏美尔人星期系统中的7个天神。在世界的其他地方，新名字代替了那些古老的神和行星。然而，它们保持着令人惊讶的一致性——保留了原来星期系统中的次序。

□古代历法

公元前7至6世纪，巴比伦人便有了星期制。他们把一个月分为4周，每周有7天，即一个星期。古巴比伦人建造七星坛祭祀星神。七星坛分7层，每层有一个星神，从上到下依次为日、月、火、水、木、金、土7个神。7神每周各主管一天，因此每天祭祀一个神，每天都以一个神来命名：太阳神沙马什主管星期日，称日曜日；月亮神辛主管星期一，称月曜日；火星神涅尔伽主管星期二，称火曜日；水星神纳布主管星期三，称水曜日；木星神马尔都克主管星期四，称木曜日；金星神伊什塔尔主管星期五，称金曜日；土星神尼努尔达主管星期六，称土曜日。

在我国上古时代，古人就以日、月与金、木、水、火、土五大行星为七曜，亦作七耀。东晋范宁《穀梁传序》中就有七曜为之“盈宿”的记载。在8世纪前后通过摩尼教的传入，使中国有了星期的观念，并以“七曜”来分别命名。在我国古代，也有一种跟星期类似的表示日期的方式。在距今3700年前的商朝，对农历进行了修订。修订后的农历，平年12个月，大月30天，小月29天，闰年增加一个月。同时为了方便，把一个月分为4周，大月中有两周是7天，两周是8天；小月中有三周是7天，一周是8天。由于这样的周期符合月亮的圆缺变化（即朔—上弦—望—下弦—朔……），所以将其称为“星期”。到了汉武帝时期，这样的周期被定为制定工作日、休息日的依据，并且每天也有了自己的名称。称7天的星期为“平周”，8天的星期为“闰周”。“平周”前6天为工作日（依次称为星期一、星期二、星期三、星期四、星期五、星期六），第七天为休息日（称为星期日）；“闰周”前6天为工作日（名称同“平周”），后2天为休息日（依次称为星期日、闰星期日）。到了两晋南北朝时期，这种制度有了变动：置闰不再以月份为框架，每3400个星期中设1301个“闰周”，闰日的安排也有一定的变动，闰日放在星期几之后就叫闰星期几。在“闰周”中，若闰日是“闰星期日”则为休息日，否则为工作日。

北欧神话影响西方的习俗深远，其中星期的由来就有很大的关联。星期日：取自太阳，古日耳曼民族祭祀太阳的日子；星期一：取自月亮，是盎格鲁-撒克逊人的月亮之日；星期二：是以战神之名而定；星期三：这个名字来自古代祭祀主神奥丁的日子，是古英语对奥丁的称呼；星期四：取自北欧神话中的雷神托尔，这是古日耳曼人一星期中最神圣的一天，会议通常在这天举行，且议员中午前未出现，就会被取消资格，所以托尔也是会议的守护神；星期五：来自古英语，指的是女神弗蕾亚之日，或说是奥丁之妻弗丽嘉。

□北欧神话中的女神弗蕾亚

不过也有人认为两位女神有可能是同一人;星期六:取自罗马神话中的农神,这是唯一和北欧神话无关的。

在不同地区,一星期的开始时间并不完全一致。许多英语国家、犹太教、日本、星期日,埃及人的一星期是从星期六开始的。多数欧洲国家都以星期一为一星期的第一天。而中国大陆习惯上也认为星期一是开始时间。但越来越多的英文字典也开始以星期一定义为一星期的第一天,否则周末这个字就很难说得通。从宗教的观点来看,《圣经》中认为,上帝用六天创造世界万物,在第七天休息,这七天是从星期日开始的,第七天是星期六,所以犹太教以星期六为安息日;在基督教成为古罗马国教后,因为耶稣是在星期日复活的,所以将礼拜日改为星期日;伊斯兰教认为真主在第六天完成创造工作,这一天应该庆祝,所以将星期五定为重大礼拜的主麻日。

按照现在实行的国际标准,星期一为一星期的第一天。

知识链接

星期制

所谓星期,顾名思义,指的是星星到来的日期。就是说,知道了某一天的代号的星,便可知道它是哪一天。以七天为周期划分时间,最初大概是来源于对月亮的观察。古人很早就发现朔望周期。一个朔望月约有 29.5 天,朔时看不到月亮的时间大约为一天,其余 28 天中都能见到月亮。古人为了短期记日,把见月的 28 天四等分。第一次给七天中的每一天以专门名称的是巴比伦人,他们以当时所能看到的主要天体来命名它们。太阳最使人们关注,它被用来命名七天中的第一天;月亮次之,然后顺序是火星、水星、木星、金星和土星。

神奇的斐波那契数列

科普档案 ●**学术名称**：斐波那契数列 ●**发明者**：意大利数学家列昂纳多·斐波那契

斐波纳契数列指的是这样一个数列：1、1、2、3、5、8、13、21、……这个数列从第三项开始，每一项都等于前两项之和。斐波那契数列在植物的叶、枝、茎等排列中可以发现，在自然科学的其他分支中也有许多应用。

斐波那契数列的发明者，是意大利数学家列昂纳多·斐波那契。他被尊称为“比萨的列昂纳多”。1202年，列昂纳多·斐波那契撰写了《珠算原理》一书。他是第一个研究了印度和阿拉伯数学理论的欧洲人。他的父亲被比萨的一家商业团体聘任为外交领事，派驻地点相当于今日的阿尔及利亚地区，列昂纳多因此得以在一个阿拉伯老师的指导下研究数学。他还曾在埃及、叙利亚、希腊、西西里和普罗旺斯研究数学。

斐波那契数列指的是这样一个数列：1、1、2、3、5、8、13、21、……这个数列从第三项开始，每一项都等于前两项之和。它的通项公式为：$(1/\sqrt{5})\times\{[(1+\sqrt{5})/2]^2-[(1-\sqrt{5})/2]^2\}$。有趣的是：这样一个完全是自然数的数列，通项公式居然是用无理数来表达的。

科学家发现，一些植物的花瓣、萼片、果实的数目以及排列的方式上，都有一个神奇的规律，它们都非常符合著名的斐波那契数列。例如：蓟，它们的头部几乎呈球状，有两条不同方向的螺旋。此外还有菊花、向日葵、松果、菠萝等都是按这种方式生长的。最典型的例子就是以斐波那契螺旋方式排列的向日葵种子。仔细观察向日葵花盘，你会发现2组螺旋线，一组顺时针方向盘绕，另一组则逆时针方向盘绕，并且彼此相嵌。虽然不同的向日葵品种中，种子顺、逆时针方向和螺旋线的数量有所不同，但往往不会超出34和55、55和89或者89和144这三组数字，这每组数字都是斐波那契数列中相邻的2个数。前一个数字是顺时针盘绕的线数，后一个数字是逆时针盘绕的线数。菠萝的表面，与松果的排列略有不同。菠萝的每个鳞片都是三组不同方向螺旋线的一部分。大多数的菠萝表面分别有5条、8条和13条螺线，这些螺线也称斜列线。菠萝果实上的菱形鳞片，一行行排列起来，8行向左倾斜，13行向右倾斜。挪威云杉的球果在一个方向上有3行鳞片，在另一个方向上有5行鳞片。常见的落叶松是一种针叶树，其松果上的鳞片在2个方向上各排成5行和8行，美国松的松果鳞片则在2个方向上各排成3行和5行……植物从花到叶再到种子都可以显现出对这些数字的偏好。松柏等球果类植物的种球生长非常缓慢，在此类植物的果实上也常常可以见到螺旋形的排列。这枚松果上分别有8条向左和5条向右的螺旋线。而这枚则有8条向左和13条向右的螺旋线。

□向日葵也符合著名的斐波那契数列

如果是遗传决定了花朵的花瓣数和松果的鳞片数，那么为什么斐波那契数列会与此如此的巧合？这也是植物在大自然中长期适应和进化的结果。因为植物所显示的数学特征是植物生长在动态过程中必然会产生的结果，它受到数学规律的严格约束，换句话说，植物离不开斐波那契数列，就像盐的晶体必然具有立方体的形状一样。由于该数列中的数值越靠后越大，因此2个相邻的数字之商将越来越接近0.618034这个值。例如34/55=0.6182，已经与之接近，而这个比值的准确极限是“黄金数”。数学中，还有一个称为黄金角的数值是137.5°，这是圆的黄金分割的张角，更精确的值应该是137.50776°。与黄金数一样，黄金角同样受到植物的青睐。1979年，英国科学家沃格尔用大小相同的许多圆点代表向日葵花盘中的种子，根据斐波那契数列的规则，尽可能紧密地将这些圆点挤压在一起。他用计算机模拟向日葵的结果显示，若发散角小于137.5°，那么花盘上就会出现间隙，且只能看到一组螺旋线；若发散角大于137.5°，花盘上也会出现间隙，而此时又会看到另一组螺旋线；只有当发散角等于黄金角时，花盘上才呈现彼此紧密镶合的2组螺旋线。所以，向日葵等植物在生长过程中，只有选择这种数学模式，花盘上种子的分布才最为有效，花盘也变得最坚固壮实，产生后代的概率也最高。如此的原因很简单：这样的布局能使植物的生长疏密得当、最充分地利用阳光和空气，所以很多植物都在亿万年的进化过程中演变成了如今的模样。当然受气候或病虫害的影响，真实的植物往往没有完美的斐波那契螺旋。例如，带小花的大向日葵的管状小花排列成两组交错的斐波那契螺旋，并且顺时针和逆时针螺旋的条数恰是斐波那契数列中相邻的两项，其中顺时针的螺旋有34条，逆时针的螺旋有55条。蒲公英和松塔也是以斐波那契螺旋排列种子或鳞片的。

斐波纳契数列出现在许多植物中已是司空见惯。百合有3个花瓣，桃花是5个，这些都是斐波纳契数列中的数字。向日葵种子的排列可同时看作是两组螺旋线，如果沿顺时针旋转螺旋的数目是某个斐波纳契数，则沿逆时针旋转螺旋的数目一定是相邻的另一个斐波纳契数。而在最常见的菠萝表面，其鳞片的排列一般是(5,8)和(8,13)这样的两对斐波纳契螺旋数。大自然就是这么精确，这么不可思议。

知识链接

斐波那契弧线

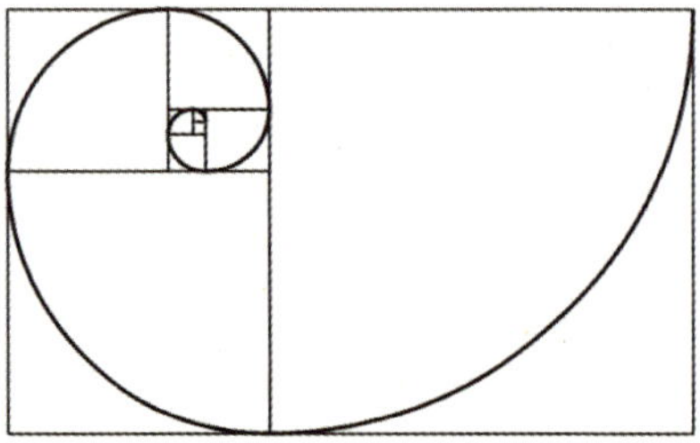

斐波那契弧线以两个端点为准而画出，三条弧线均以第二个点为中心画出，并在趋势线的斐波纳契水平：38.2%、50%和61.8%交叉。斐波纳契弧线是潜在的支持点和阻力点水平价格。它与斐波纳契扇形线常常在图表里同时绘出。支持点和阻力点就是由这些线的交汇点得出。要注意的是弧线的交叉点和价格曲线会根据图表数值范围而改变，因为弧线是圆周的一部分，它的形成总是一样的。

柯克曼女生问题探秘

科普档案 ●**名称：**柯克曼女生问题●**提出学者：**英国数学家柯克曼●**提出时间：**19 世纪 50 年代

某学生宿舍共有 15 名女生，每天三人一组进行散步，问怎样安排，才能使一位女生有机会与其他每一位女生在同一组中散步，并恰好每星期一次。这就是英国数学家柯克曼于 1850 年提出的著名的柯克曼女生问题。

19 世纪 50 年代，英国数学家柯克曼提出了一个有趣的女学生问题。即在某地方的一所住宿学校中，有九个女学生同住在一间宿舍里，每天她们都要去校外散步一次。为了加强她们之间的相互了解和增进友谊，负责宿舍的管理人员想，她们散步时把她们分成三组，每组有三位同学，是否可以使每个女生在四天之内都能与其他的八名女生有且仅有一次在一组的机会。这个乍看起来很简单的问题，却使管理人员苦苦思索了很久。1851 年他终于找到了一组分组的答案符合他的要求，于是在名为《女士与先生之日记》的杂志上发表了相关文章。问题解决了，女生们也可以按照他的方案去校外散步了。后来人们把这种方案称为“柯克曼三元系”也称“柯克曼女生”问题。

星期日：$\{i,a,b\},\{8+i,9+i,12+i\},\{3+i,7+i,10+i\},\{2+i,6+i,11+i\},\{1+i,4+i,5+i\}$；

星期一：$\{2+i,8+i,b\},\{1+i,6+i,a\},\{4+i,7+i,11+i\},\{3+i,5+i,9+i\},\{i,10+i,12+i\}$；

星期二：$\{11+i,12+i,b\},\{4+i,10+i,a\},\{6+i,7+i,9+i\},\{1+i,2+i,3+i\},\{i,5+i,8+i\}$；

星期三：$\{5+i,7+i,b\},\{3+i,12+i,a\},\{2+i,9+i,10+i\},\{1+i,8+i,11+i\},\{i,4+i,6+i\}$；

星期四：$\{4+i,9+i,b\},\{2+i,5+i,a\},\{6+i,8+i,10+i\},\{1+i,7+i,12+i\},\{i,3+i,11+i\}$；

星期五：$\{1+i,10+i,b\},\{9+i,11+i,a\},\{5+i,6+i,12+i\},\{3+i,4+i,8+i\},\{i,2+i,7+i\}$；

星期六：$\{3+i,6+i,b\},\{7+i,8+i,a\},\{5+i,10+i,11+i\},\{2+i,4+i,12+i\},\{i,1+i,9+i\}$.

其实在柯克曼女生问题提出后得到多种解答，其中较有代表性的答案是皮尔斯于 1860 年左右提出，并被数学家西尔威特认为是最好的解法。皮尔斯先假定一位女生固定在某一组，再将其他14位女生编上号码(1号至14号)，并按照一定规律安排星期天的分组散步，则其他六天星期r散步(r=1,2,3,4,5,6)分组可按原编号与r的数字之和安排(和数超过14则减去14)。

另外，有些数学家更将问题扩展成组合论中的难题：设有N个元素，每三个一组成若干组。这些组分别组成一个系列，现称为"柯克曼序列"。若每一元素与其他元素恰有一次同组的机会，问将N分成这种序列要满足的充分必要条件是什么？怎样组成此序列？一般解答直到20世纪60年代后才有突破。中国数学家陆家羲对此曾做出过重要的贡献。

陆家羲，中国现代数学家。1957年夏的一天，陆家羲购得一本孙泽瀛著的《数学方法趣引》。最吸引他的就是书中的"柯克曼女生"问题。22岁的陆家羲，一连好多天如醉如痴，他心中萌生出一个顽强的念头，一定要攻克这个问题。1961年，他将凝聚着自己五年心血的处女作"寇克满系列与斯坦纳系列的构造方法"一文，当作精神上的第一个孩子寄往中国科学院数学研究所，以期请教、肯定与发表。1965年他又重新改写了论文，取名"平衡不完全区组与可分解平衡不完全区组的构造方法"投寄给《数学学报》。但是这篇论文于1966年被退回。1981年《组合论杂志》陆续收到陆家羲题为"论不相交斯坦纳三元系大集"[18,19]的系列文章。西方的组合论专家们惊讶了，加拿大著名数学家、多伦多大学教授门德尔逊说："这是二十多年来组合设计中的重大成就之一。"1983年9月30日，我国的组合数学专家们组成的"陆家羲学术工作评审委员会"在1984年9月15日所做的评价是："……陆家羲

□中国现代数学家陆家羲

同志独创地引进了 AD、AD*、AD**、LD 和 LD* 等辅助设计及有关大集 LAD1、LAD2 和 LAD3，创造性地利用了前人的结果，巧妙地设计了一系列的递归构造，严谨地证明了互不相交的 v 阶斯坦纳三元系的大集，除了六个值外，对所有 $v \equiv 1$ 或 3(mod6)，$v>7$ 都存在，从而宣告了这一问题的整体解决(关于例外值，他已有腹稿，但在写作过程中便不幸逝世了，仅留下一份提纲和部分结果)。历史是公正的，不会把珍珠永远埋在土里，在陆家羲逝世四年之后的 1987 年，我国的组合数学专家们评审后认定：该文宣告了“寇克满问题”的首次解决。当然，由于历史的原因，这一成就在数学界公认为是属于查德哈里和威尔逊的，因为他们于 1971 年最先公布了这一结果，这也是无可非议的。

但凡问题大都和生活息息相关，也许你也可以从俗事中提出一个令人叹为观止的问题呢！

知识链接

皮尔斯

皮尔斯，美国科学家、逻辑学家与哲学家。出生于美国马萨诸塞州剑桥，父亲班吉明·皮尔斯是数学家、天文学家。他就读哈佛大学，学成后在美国海岸防卫队担任科学家达 30 年之久。皮尔斯在科学界以概率论、重力研究、科学方法学逻辑上的贡献而闻名，最后放弃物理学而专研逻辑，更广义来说是研究符号学，致力于在逻辑完全概念建立永久的外展与归纳法。科学界公认他创立了实用主义。

达·芬奇作品中的神秘数学

科普档案 ●**人物**:达·芬奇●**作品**:绘画理论《绘画论》、壁画《最后的晚餐》、举世名作《蒙娜丽莎》等

达·芬奇认为，绘画的价值就在于精确地再现自然界。因此和其他科学一样，绘画是一门科学，其基础是数学。他指出，“任何人类的探究活动也不能成为科学，除非这种活动通过数学表达方式和经过数学证明为自己开辟道路。”

列奥纳多·达·芬奇，意大利文艺复兴三杰之一，也是整个欧洲文艺复兴时期最完美的代表。他是一位思想深邃，学识渊博，多才多艺的画家、寓言家、雕塑家、发明家、哲学家、音乐家、医学家、生物学家、地理学家、建筑工程师和军事工程师。

达·芬奇是一位天才，他一面热心于艺术创作和理论研究，研究如何用线条与立体造型去表现形体的各种问题；另一方面他也同时研究自然科学，为了真实感人的艺术形象，他广泛地研究与绘画有关的光学、数学、地质学、生物学等多种学科。在绘画理论方面，著有《绘画论》，把解剖、透视、明暗和构图等零碎的知识，整理成为系统的理论，对后来欧洲绘画发展影响很大。他还是一个数学家，第一次在数学上使用加减符号的就是达·芬奇。他认为和其他科学一样，绘画是一门科学，其基础是数学。他在评价数学时说:“在科学中，凡是和数学没有联系的地方，都是不可靠的。”

达·芬奇出生于佛罗伦萨附近的芬奇镇。1482 年，达·芬奇第一次去米兰，投奔米兰大公摩罗，以建筑师、军事工程师、雕刻家和画家的身份为大公服务了 17 年。这期间，达·芬奇不仅创作了一些重要美术作品，在科学研究、水利工程、城防建筑和军事技术等方面也有出色的贡献。《岩间圣母》和为圣玛利亚·代拉格拉契修道院食堂所作的壁画《最后的晚餐》即是这时期的作品。达·芬奇还为米兰大公的父亲雕塑了一尊骑马像，因法军入侵，最

□壁画《最后的晚餐》

终没翻制成铜像。1499 年由于法军入侵米兰，摩罗逃亡，达·芬奇回到佛罗伦萨，在 1503~1506 年间，完成了举世名作《蒙娜丽莎》。1506 年春，达·芬奇回到米兰，在以后的年代里，他绘制了《丽达与天鹅》《施洗约翰》《圣安娜与圣母》，从这些作品里可以看出芬奇在艺术创作道路上已度过了他的顶峰。达·芬奇的一生，是为科学、为艺术奋斗的一生。他多方面的才能，不仅为我们留下一批珍贵的艺术遗产，而且在科学史上也写下了光辉的篇章。他的成就和影响远远超出他所处的时代。文艺复兴产生了达·芬奇这样伟大的人物，不仅是意大利人民的骄傲，也是整个人类的骄傲，他的艺术将永远成为全世界人民的共同财富。文艺复兴时期的绘画与中世纪绘画的本质区别在于引入了第三维，也就是在绘画中处理了空间、距离、体积、质量和视觉印象。三维空间的画面只有通过光学透视体系的表达方法才能得到。这方面的成就是在 14 世纪初由杜乔和乔多取得的。在他们的作品中出现了几种方法，而这些方法成为一种数学体系发展过程中的一个重要阶段。毫无疑问，达·芬奇是 15~16 世纪的一位艺术大师和科学巨匠。文艺复兴时期的传记作家瓦萨里曾这样赞美他：“上天有时候将美丽、优雅、才能赋予一人之身，他之所为无不超群绝寰，显示出他的天才来自上苍而非人间之力，达·芬奇正是如此。他的优雅与伟美无与伦比，他才智之高超使一切难题无不迎刃而解。”达·芬奇通过广泛而深入地研究解剖学、透视学、几何学、物

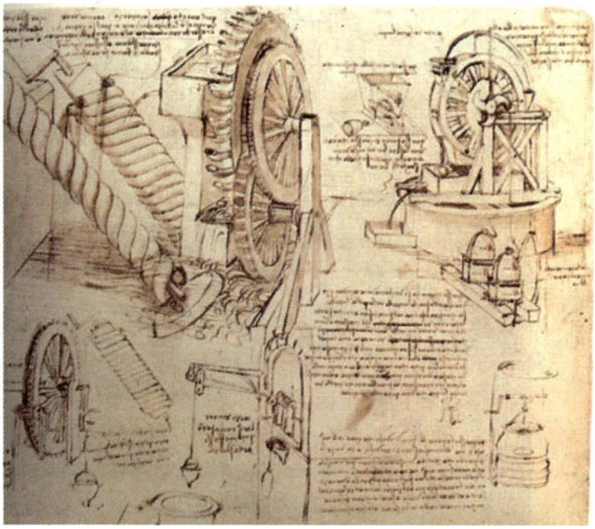
□达·芬奇的机械设计

理学和化学，为从事绘画做好了充分的准备。他对待透视学的态度可以在他的艺术哲学中看出来。他用一句话概括了他的《艺术专论》的思想："欣赏我的作品的人，没有一个不是数学家"。达·芬奇坚持认为，绘画的目的是再现自然界，而绘画的价值就在于精确地再现。因此和其他科学一样，绘画是一门科学，其基础是数学。他指出："任何人类的探究活动也不能成为科学，除非这种活动通过数学表达方式和经过数学证明为自己开辟道路。"达·芬奇创作了许多精美的透视学作品。这位真正富有科学思想和绝伦技术的天才，对每幅作品他都进行过大量的精密研究。他最优秀的杰作都是透视学的最好典范。《最后的晚餐》描绘出了真情实感，一眼看去，与真实生活一样。观众似乎觉得达·芬奇就在画中的房子里。墙、楼板和天花板上后退的光线不仅清晰地衬托出了景深，而且经仔细选择的光线集中在基督头上，从而使人们将注意力集中于基督。12 个门徒分成 3 组，每组 4 人，对称地分布在基督的两边。基督本人被画成一个等边三角形，这样的描绘目的在于，表达基督的情感和思考，并且身体处于一种平衡状态。附图中给出了原画及它的数学结构图。

数学对绘画艺术做出了贡献，绘画艺术也给了数学以丰厚的回报。画家们在发展聚焦透视体系的过程中引入了新的几何思想，并促进了数学的一个全新方向的发展，这就是射影几何。在透视学的研究中产生的第一个思想是，人用手摸到的世界和用眼睛看到的世界并不是一回事。因而，相应地应该有两种几何，一种是触觉几何，一种是视觉几何。欧氏几何是触觉几何，它与我们的触觉一致，但与我们的视觉并不总一致。例如，欧几里得的平行线只有用手摸才存在，用眼睛看它并不存在。这样，欧氏几何就为视觉几何留下了广阔的研究领域。现在讨论在透视学的研究中提出的第二个重要思想。画家们搞出来的聚焦透视体系，其基本思想是投影和截面取景原理。人眼被看作一个点，由此出发来观察景物。从景物上的每一点出发通过人眼的光线形成一个投影锥。根据这一体系，画面本身必须含有投影锥的一个截景。从数学上看，这截景就是一张平面与投影锥相截的一部分截面。

17 世纪的数学家们开始寻找这些问题的答案。他们把所得到的方法和结果都看成欧氏几何的一部分。诚然，这些方法和结果大大丰富了欧几里得几何的内容，但其本身却是几何学的一个新的分支，到了 19 世纪，人们把几何学的这一分支叫作射影几何学。射影几何集中表现了投影和截影的思想，论述了同一物体的相同射影或不同射影的截景所形成的几何图形的共同性质。这门“诞生于艺术的科学”，今天成了最美的数学分支之一。

知识链接

《蒙娜丽莎》

《蒙娜丽莎》代表了达·芬奇的最高艺术成就。在这幅画上，达·芬奇成功地运用了数学的透视方法，在蒙娜丽莎的背后画了岩石和流水如梦幻般的景致。达·芬奇还成功地运用了黄金分割法，使整幅画看上去更符合人的审美视觉。我们还看到在画中蒙娜丽莎的右手轻轻地搭在左手上，姿势十分优雅，流露出她的平和沉稳的心境，这个手臂和手的姿势使身体形成一个稳定的三角形结构，引导观众的目光，随着她的姿势而转动，显示出画面的动态感。达·芬奇把数学思想融入绘画的方法深深地影响了那个时代。

改变世界的十个数学公式

科普档案 ●**名称**:"改变世界面貌的十个数学公式"邮票●**发行国**:尼加拉瓜●**时间**:1971 年 5 月 15 日

改变世界面貌的十个数学公式包括:手指计数基本法则、勾股定理、阿基米德杠杆原理、纳皮尔指数与对数关系公式、牛顿万有引力定律、麦克斯韦电磁方程组、爱因斯坦质能关系式、德布罗意公式、玻尔兹曼公式、齐奥尔科夫斯基公式。

1971 年 5 月 15 日,尼加拉瓜发行了十张一套题为"改变世界面貌的十个数学公式"邮票,由一些著名数学家选出十个对世界发展极有影响的公式来表彰。这十个公式不但造福人类,而且具有典型的数学美,即:简明性、和谐性、奇异性。

1.手指计数基本法则

邮票"1+1=2"是这套邮票的第一枚,这是人类一开始对数量认识的基础公式。人类的祖先就是以这一公式开始,堆石子,数贝壳、树枝、竹片,而后刻痕计数、结绳计数等,直至再后来创造文字、数字及计数用具如算盘、筹算、计算器等。一切都是从手指计数基本法则开始,因为人有十个手指,计算时以手指辅助。毫无疑问,正是这一事实自然地孕育形成了现在我们熟悉的十进制系统。记数法与十进制的诞生是文明史上的一次飞跃。

□手指计数基本法则

2.勾股定理(毕达哥拉斯定理)

若一直角三角形的直

角边为 A、B，斜边为 C，则有 $A^2+B^2=C^2$，这就是欧氏几何中最为著名的勾股定理。它在数学与人类的实践活动中有着极其广泛的应用。在国外最早给出这一定理证明的是古希腊著名哲学家和数学家毕达哥拉斯，因而国外一般称之为“毕达哥拉斯定理”。中国在商高时代就已经知道“勾三股四弦五”的关系，远早于毕达哥拉斯，不过，中国对于勾股定理的证明却是比较迟的事情，一直到三国时期的赵爽才用面积割补法给出它的第一种证明。勾股定理的一大影响是无理数的发现。边长为 1 的正方形对角线长度为$\sqrt{2}$，不能用整数或整数之比即分数来表示，这一发现否定了毕氏学派“万物皆数”的信条，当时的人觉得整数与分数是容易理解的，称之为有理数，而新发现的这个数不好理解但却存在就取名为“无理数”。

□纳皮尔指数与对数关系公式

3.阿基米德杠杆原理

第三枚邮票表彰的数学公式 $F_1 \cdot X_1=F_2 \cdot X_2$，其中 F 为作用力，X 为力臂，FX 即为力矩，从原则上说，只要动力臂足够长，而阻力臂足够短，就可以用足够小的力撬动足够重的物体。为此，阿基米德说了一句古名言：“给我一个支点，我就能撬动地球”。除杠杆原理外，阿基米德还发现了著名的浮力定律和大量的几何学定理，他也是微积分的先驱之一。被后世数学家尊称为“数学之神”，在人类有史以来最重要的三位数学家中，阿基米德占首位，另两位分别是牛顿和高斯。

4.纳皮尔指数与对数关系公式

对数关系公式即为纳皮尔公式，其中 e=2.71828……对数的发明者是苏格兰业余数学家纳皮尔男爵。自 44 岁起，经 20 年潜心研究大数的计算技术，他终于独立发明了对数，1614 年出版了名著《奇妙的对数定律说明书》，对数表这一惊人发明很快传遍了欧洲大陆。伽利略发出了豪言壮语：

□麦克斯韦电磁方程组

"给我时间、空间和对数，我可以创造出一个宇宙来。"对数表曾在几个世纪内为数学家、会计师、航海家和科学家广泛应用。对数和指数已经成为数学的精髓部分，是每一个中学生必学的内容。

5.牛顿万有引力定律

第五枚邮票立即使人联想到那个早已是家喻户晓的牛顿和苹果的故事。在那个神奇的假期里，一个苹果偶然从树上掉下来，这却是人类思想史的一个转折点，它使那个坐在花园里的人的头脑开了窍，牛顿终于发现了对人类具有划时代意义的万有引力定律：

$F=\dfrac{G\cdot M_1M_2}{R_1\cdot R_2}$ 其中，G 为引力常量，M_1 和 M_2 分别表示两个物体的质量，R 为两个物体的距离。

6.麦克斯韦电磁方程组

第六个公式是麦克斯韦电磁方程组，该方程组确定了电荷、电流、电场和磁场之间的普遍联系，是电磁学的基本方程。麦克斯韦方程组表明，空间某处只要有变化的磁场就能激发出涡旋电场，而变化的电场又能激发涡旋磁场，交变的电场和磁场互相激发就形成连续不断的电磁振荡即电磁波。由此公式可以证明电磁波在真空中传播的速度等于光在真空中传播的速度，这不是偶然的巧合，而是由于光就是一定波长的电磁波，这便是麦克斯韦创立的光的电磁学说。麦克斯韦是继法拉第之后集电磁学大成的伟大物理学家。电磁学理论奠定了现代电力工业、电子工业和无线电工业的基础。

7.爱因斯坦质能关系式

$E=mc^2$，这里 c 为光速，m 为质量，E 为能量。这就是后来最著名的质能关系式。这可是制造原子弹的理论基础。1905 年提出这个公式的人是年仅 26 岁的伯尔尼专利局小职员爱因斯坦。1915 年，爱因斯坦建立了广义相对论，确定了空间、时间和物质之间的联系。质能转换公式及相对论的影响是巨大的，今天核能广泛应用于农业及军事领域，而黑洞、时间旅行、空间弯曲等都是由相对论推导出来的。

8.德布罗意公式

第八枚邮票表彰的公式是1924年德布罗意提出的表达波粒二象性的德布罗意公式：$\lambda=h/mv$，其中λ为与粒子相伴的物质波的波长，h是普朗克常量，mv为粒子的动量。在德布罗意之前，人们对自然界的认识只局限于两种基本的物质类型：实物和场。德布罗意本来是学历史的，受数学家庞加莱的影响而改学科学。1924年他在博士论文中提出"物质波"的概念，轰动全世界，他认为任何实物、粒子都同时具有波与粒子两种性质，还运用爱因斯坦的相对论，导出物质波波长的公式。他的看法后来被戴维森的实验证实。而物质波的概念也为波动力学的发展提供了重要的理论基础。

9.玻尔兹曼公式

1854年德国科学家克劳修斯首先引入熵的概念，这是对表示封闭体系杂乱程度的一个量，熵是希腊语"变化"的意思。这个量在可逆过程中不会变化，在不可逆过程中会变大。正像懒人的房间，若没有人替他收拾打扫，房间只会杂乱下去，决不会变得整齐。生物也离不开"熵增大法则"，生物需要从体外吸收负熵来抵消熵的增大。1877年，玻尔兹曼用下面的关系式来表示系统的无序性的大小：$S=k\mathrm{Ln}W$，其中，k为玻尔兹曼常数，S是宏观系统熵值，是分子运动或排列混乱程度的衡量尺度。W是可能的微观态数。W越大，系统就越混乱无序。由此可以看出熵的微观意义：熵是系统内分子热运动无序性的一种量度。由于观点新颖，一开始不为许多著名学者接受，玻尔兹曼为之付出了巨大的代价，成为他个人悲剧(自杀)的重要原因。玻尔兹曼的墓碑上刻的就是这个公

□齐奥尔科夫斯基公式

式 S=kLnW，以表彰他的伟大创见。

10.齐奥尔科夫斯基公式

苏联的齐奥尔科夫斯基，举世公认的宇航理论先驱者，正是他提出了利用火箭进行星际航行和发射卫星的可能性，并建立了火箭结构特点与飞行速度之间的关系式，即著名的齐奥尔科夫斯基公式：$V=wLnM_o/M_k$.其中 V 为火箭的速度增量，w 为喷流相对于火箭的速度，M_o 和 M_k 分别代表发动机开启和关闭时火箭的质量。它成为人类征服太空的钥匙。齐奥尔科夫斯基着重钻研了中国古代火箭技术，请人翻译明末及清初的军事著作参考，尤其对《武备志》最感兴趣。当时中国已拥有近 30 种军用火箭，“神机火龙箭”或“火龙出水”之类的武器令他着迷，他产生了更多的梦想和灵感，不久写成《地球与天空的梦想》一书。他有一句十分精辟的名言：“地球是人类的摇篮，但是人不能永远生活在摇篮里。”

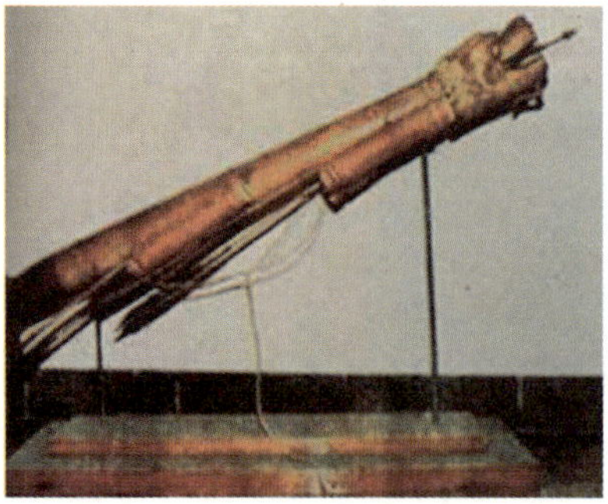

知识链接

中国古代火箭技术

宋太祖开宝三年，即公元 970 年，我国已出现火箭。古代火箭具有现代火箭的基本结构，包括有效载荷（箭头）、箭体（箭杆）、发动机（火药筒）和控制系统（起稳定作用的羽尾）。在 370 多年前的《武备志》一书中，记载有数十种火箭，还提到抗倭名将戚继光的火箭营，24 辆车各载 530 支箭，总共 12720 支火箭可以齐发，这比现在的火箭炮还要壮观。

玻璃杯问题与蜂窝猜想

科普档案 ●**名称:**蜂窝猜想 ●**提出学者:**古希腊数学家佩波斯 ●**提出时间:**4世纪

四世纪古希腊数学家佩波斯提出：截面呈正六边形的蜂窝，是蜜蜂采用最少量的蜂蜡建成的，他的这一猜想被称为蜂窝猜想。但这一猜想一直没有人能证明。

4世纪古希腊数学家佩波斯提出,蜂窝的优美形状,是自然界最有效劳动的代表。他猜想,人们所见到的、截面呈六边形的蜂窝,是蜜蜂采用最少量的蜂蜡建造成的。他的这一猜想称为“蜂窝猜想”,但这一猜想一直没有人能证明。

蜂窝是一座十分精密的建筑工程。蜜蜂建巢时,青壮年工蜂负责分泌片状新鲜蜂蜡,每片只有针头大小而另一些工蜂则负责将这些蜂蜡仔细摆放到一定的位置,以形成竖直六面柱体。每一面蜂蜡隔墙厚度及误差都非常小。6面隔墙宽度完全相同,墙之间的角度正好120度，形成一个完美的几何图形。人们一直疑问,蜜蜂为什么不让其巢室呈三角形、正方形或其他形状呢？隔墙为什么呈平面,而不是呈曲面呢？虽然蜂窝是一个三维体建筑，但每一个蜂巢都是六面柱体，而蜂蜡墙的总面积仅与蜂巢的截面有关。由此引出一个数学问题，即寻找面积最大、周长最小的平面图形。

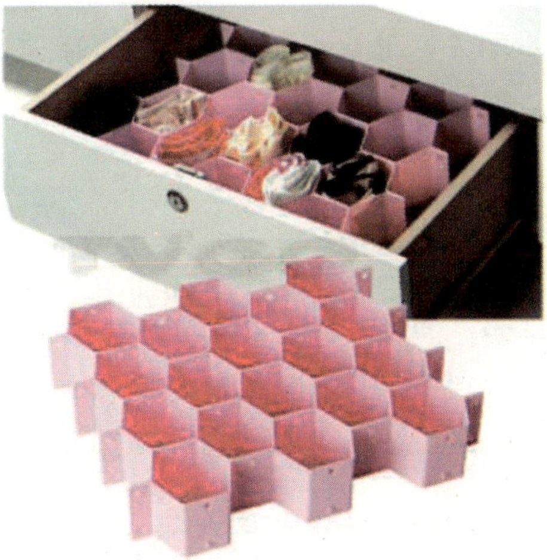

□蜂窝猜想

□蜂窝猜想问题

1943年，匈牙利数学家陶斯巧妙地证明，在所有首尾相连的正多边形中，正六边形的周长是最小的。但如果多边形的边是曲线时，会发生什么情况呢？陶斯认为，正六边形与其他任何形状的图形相比，它的周长都最小，但他不能证明这一点。而黑尔在考虑了周边是曲线时，无论是曲线向外凸，还是向内凹，都证明了由许多正六边形组成的图形周长最小，他已将19页的证明过程放在因特网上，许多专家都已看到了这一证明，认为黑尔的证明是正确的。

大自然充满了像蜂窝这样蕴涵着科学知识的神奇现象，而平平常常的生活中也有不平常的数学问题。

巴尼在汽水柜台工作，他用10只玻璃杯给两名顾客出了个难题。巴尼说："这一排有10只玻璃杯，左边5只内有汽水，右边5只空着，请你使这排杯子变成满杯与空杯相互交错，条件是只允许移动4只杯子。"两位顾客看了看巴尼，又看了看杯子，摇了摇头，不知道怎么办。巴尼说："好吧，我来告诉你们，只要分别把第二只杯子和第七只杯子，第四只杯子和第九只杯子交换一下位置就成了。"

这时，奎贝尔教授正好走到柜台前，看到了他们的把戏，并且来了点小花招。奎贝尔教授说："何必移动四只杯子，我只要移动两只就够了，你看可不可以。"巴尼纳闷地瞧着奎贝尔教授，不明就里。奎贝尔教授说："其实很简单，只要拿起第二只杯子，把里面的汽水倒进第七只杯子，再拿起第四只杯子，把里面的汽水倒入第九只杯子就行了。

1 2 3 4 5 6 7 8 9 10 → 1 2 3 4 5 6 7 8 9 10

■■■■□□□□□□ → ■□■□■□■□■□

虽然奎贝尔教授抓住话语间的模棱两可之处解决了这个问题，但这个问题并不像乍看上去那么简单。例如，还是这个问题，如果改成100只满杯挨着100只空杯排成一排，请考虑一下，若要使其变成满杯和空杯交错排列，需将多少对杯子互换位置，显然一般地，如果有2n只杯子，n只满杯，n只空杯，需要将n/2对杯子互换位置。方法是：2k号杯子与2k+n号杯子互换位置即可(k=1,2,3,…)，若n=100，则需互换50次。

有一个与上面分析的问题类似但困难得多的古典难题。这回用两种不同颜色的杯子作为道具，但是移动方法却大相径庭：每次只能一块儿移动一对相邻的杯子，使结果成交错排列，以n=3为例，解题过程如下图所示：

1	2	3	4	5	6
■	■	■	□	□	□
■	□	□	□	■	■
■	□	□	■	□	■
□	■	□	■	□	■

普遍的解是什么呢？当n=1时，没有意义；当n=2时，无解；当n>2时，解此问题至少需要移动n次；当n=4时，求解很不容易，你不妨试试，煞是有趣。或许你能够把当n≥3时的解题过程公式化。

根据这一难题还可以产生许多奇异的变相问题。这里试着举几例：

(1)仍然是同时移动两只相邻的杯子，但是如果颜色不同，则要在移动过程中交换位置，这样一对黑白的杯子就变成一对白黑排列了。解8只杯子需要移动5次；对于10只杯子，5次移动也够了。

(2)某种颜色的杯子少一个，即某种颜色的杯子有n只，另一种颜色的杯子有n+1只，其余规则不变，已经证明：对于任意n只杯子，其解须作n次移动，而且这是最少的移动次数。

(3)使用三种不同颜色的杯子。按照通常的方法移动一对相邻的杯子，使得所有这三种颜色交相辉映。当n=3(共有9个杯子)，其解需要作5次移动。在这些变相问题中，假设在最终形成的排列中，不允许留有任何空距。如果允许留有空距，则问题的解法就令人惊奇地变为移动 4 次了。

由此看来，还有许多其他的变化形式，例如，假设一次可以同时移动 3 只或更多的杯子，如上述各变相问题中改用这种移动方式，结果又会如何呢？假如是第一次移动 1 只杯子，第二次移动 2 只杯子，第三次移动 3 只杯子，依次下去，那又会怎样？给定某种颜色的杯子 n 个，另一种颜色的杯子也为 n 个，这个问题的解是否总是作 n 次移动。这种种问题都有待于人们去解决，这是非常有趣并值得我们思考的趣题。

对于生活中这些富有谜一样魅力的例子，你是否睁大了双眼去仔细观察了呢？

知识链接

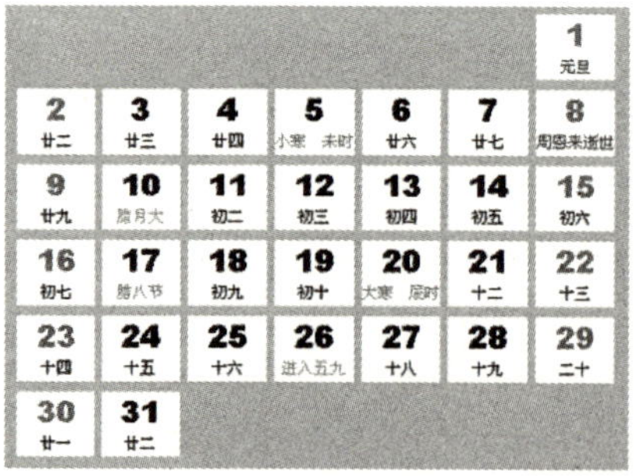

同一天过生日的概率

假设你在参加一个由 50 人组成的婚礼，而这群人的生日均匀地分布在日历的任何时候，两个人拥有相同生日的概率是 97%。随着人数增加，两个人拥有相同生日的概率会更高。因此在 10 人一组的团队中，两个人拥有相同生日的概率大约是 12%。在 50 人的聚会中，这个概率大约是 97%。然而，只有人数升至 366 人时，你才能确定这个群体中一定有两个人的生日是同一天。

第3章

数学学科猜想

庞加莱猜想

科普档案 ●名称：庞加莱猜想 ●提出学者：法国数学家庞加莱 ●提出时间：20 世纪初

任何一个封闭的三维空间，只要它里面所有封闭曲线都可以收缩成一点，这个空间就一定是一个三维圆球——这就是庞加莱猜想。庞加莱猜想是 21 世纪七大数学难题之一，困扰了数学家整整一个世纪。

庞加莱猜想是 21 世纪七大数学难题之一，困扰了数学家整整一个世纪。

庞加莱出生于法国，被誉为“最后一位数学全才”。他的研究和贡献涉及数学的各个分支，例如函数论、代数拓扑学、数论、代数学、微分方程、数学基础、非欧几何、渐近级数、概率论等，当代数学不少研究课题都溯源于他的工作。

□庞加莱

20 世纪初，庞加莱是在一组论文中提出这样的猜想：“单连通的三维闭流形同胚于三维球面。”它后来被推广为：“任何与 n 维球面同伦的 n 维闭流形必定同胚于 n 维球面。”我们不妨借助二维的例子做一个粗浅的比喻：一个无孔的橡胶膜相当于拓扑学中的二维闭曲面，而一个吹胀的气球则可以视为二维球面，二者之间的点存在着一一对应的关系，同时橡胶膜上相邻的点仍是吹胀气球上相邻的点，反之亦然。有趣的是，这一猜想的高维推论已于20世纪60年代和80年代分别得到解决，唯独三维的情况仍然像只拦路虎一样趴在那里，向世界上最优秀的拓扑学家发出挑战。任何一个封闭的三维空间，只要它里面所有封闭曲线都可以收缩成一点，这个空间就一定是一个三维圆球——这就是庞加莱猜想。

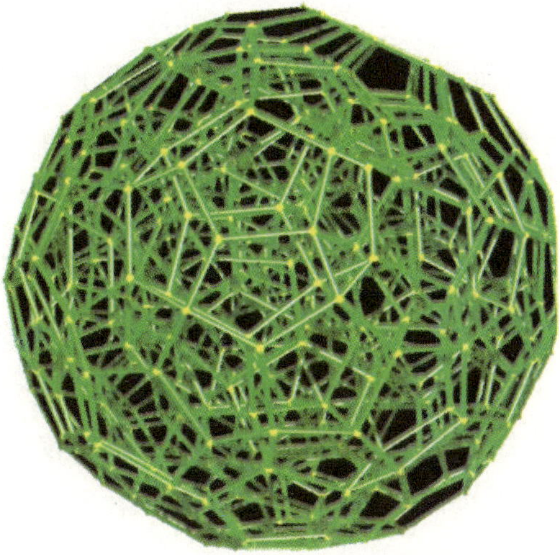

□庞加莱猜想

20世纪30年代以前，对庞加莱猜想的研究只有零星几项。但英国数学家怀特海对这个问题产生了浓厚兴趣。他一度声称自己完成了证明，但不久就撤回了论文。失之桑榆，收之东隅，在这个过程中，他发现了三维流形的一些有趣的特例，而这些特例，现在被统称为怀特海流形。20世纪30年代到60年代之间，又有一些著名的数学家宣称自己解决了庞加莱猜想，著名的宾、哈肯、莫伊泽和帕帕奇拉克普罗斯均在其中。帕帕奇拉克普罗斯是1964年的维布伦奖得主，一名希腊数学家。在1948年以前，帕帕一直与数学圈保持一定的距离，直到被普林斯顿大学邀请做客。帕帕以证明了著名的“迪恩引理”而闻名于世，喜好舞文弄墨的数学家约翰·米尔诺曾经为此写下一段打油诗：“无情无义的迪恩引理/每一个拓扑学家的天敌/直到帕帕奇拉克普罗斯/居然证明得毫不费力。”然而，这位聪明的希腊拓扑学家，却最终倒在了庞加莱猜想的证明上。直到1976年去世前，帕帕仍在试图证明庞加莱猜想，临终之时，他把一叠厚厚的手稿交给了一位数学家朋友，然而，只是翻了几页，那位数学家就发现了错误，但为了让帕帕安静地离去，最后选择了隐忍不言。

这一时期拓扑学家对庞加莱猜想的研究，虽然没能产生他们所期待的结果，但是，却因此发展出了低维拓扑学这门学科。一次又一次尝试的失败，使得庞加莱猜想成为出了名难证的数学问题之一。然而，因为它是几何拓扑研究的基础，数学家们又不能将其撂在一旁。这时，事情出现了转机。

1966 年菲尔兹奖得主斯梅尔，在 20 世纪 60 年代初想到了一个天才的主意：如果三维的庞加莱猜想难以解决，高维的会不会容易些呢？1960 年到 1961 年，在里约热内卢的海滨，经常可以看到一个人，手持草稿纸和铅笔，对着大海思考。他就是斯梅尔。1961 年的夏天，在基辅的非线性振动会议上，斯梅尔公布了自己对庞加莱猜想的五维空间和五维以上的证明，立时引起轰动。十多年之后的 1983 年，美国数学家福里德曼将证明又向前推动了一步。在唐纳森工作的基础上，他证出了四维空间中的庞加莱猜想，并因此获得菲尔兹奖。但是，再向前推进的工作，又停滞了。拓扑学的方法研究三维庞加莱猜想没有进展，有人开始想到了其他的工具。瑟斯顿就是其中之一。他引入了几何结构的方法对三维流形进行切割，并因此获得了 1983 年的菲尔兹奖。

1972 年，丘成桐和李伟光合作，发展出了一套用非线性微分方程的方法研究几何结构的理论。丘成桐用这种方法证明了卡拉比猜想，并因此获得菲尔兹奖。1979 年，在康奈尔大学的一个讨论班上，当时是斯坦福大学数学系教授的丘成桐见到了汉密尔顿。“那时候，汉密尔顿刚刚在做 Ricci 流，别人都不晓得，跟我说起。我觉得这个东西不太容易做。没想到，1980 年，他就做出了第一个重要的结果。”丘成桐说，“于是我跟他讲，可以用这个结果来证明庞加莱猜想，以及三维空间的大问题。”Ricci 流是以意大利数学家里奇(Gregorio Ricci)命名的一个方程。用它可以完成一系列的拓扑手术，构造几何结构，把不规则的流形变成规则的流形，从而解决三维的庞加莱猜想。看到这个方程的重要性后，丘成桐立即让跟随自己的几个学生跟着汉密尔顿研究 Ricci 流。在使用 Ricci 流进行空间变换时，到后来，总会出现无法控制走向的点。这些点，叫作奇点。如何掌握它们的动向，是证明三维庞加莱猜想的关键。在借鉴了丘成桐和李伟光在非线性微分方程上的工作后，1993 年，汉密尔顿发表了一篇关于理解奇点的重要论文。便在此时，丘成桐隐隐感觉到，解决庞加莱猜想的那一刻，就要到来了。

虽然多年来屡屡有人声称取得进展，但一直无人能彻底解出庞加莱猜想。2000 年，美国克莱数学研究所将之列为“世界七大数学难题”之一，并开出100万美元的高额奖金悬赏破解。俄罗斯科学院圣彼得堡斯蒂克洛夫数学研究所的数学家格里戈里·斐里曼，在2006年8月22日于西班牙马德里举行的第25届世界数学家大会上，获得世界数学最高奖——菲尔兹奖。国际数学联盟一致认为，斐里曼成功破解了“世界数学七大难题之一的庞加莱猜想”。英国《卫报》甚至惊叹，斐里曼可能是本星球最聪明的人。斐里曼就职于俄罗斯科学院圣彼得堡斯蒂克洛夫数学研究所，多年来一直从事对“庞加莱猜想”的研究。1992年11月，他的研究报告首次公开就引起了国际数学界的关注，多位世界知名数学大师曾与其探讨过。2003年4月，应美国麻省理工学院华裔数学家田刚邀请，斐里曼赴美作了三场演讲，并现场回答了多位数学家的质疑。不久，美国《纽约时报》便刊登出“俄国人解决了著名数学问题”的新闻。专家小组随后对他的研究成果进行了审查，认可了他的研究成果。

庞加莱猜想的证明意义重大。它是人类在三维空间研究角度解决的第一个难题，也是一个属于代数拓扑学中带有基本意义的命题，将有助于人类更好地研究三维空间，其带来的结果将会加深人们对流形性质的认识，对物理学和工程学都将产生深远的影响，甚至会对人们用数学语言描述宇宙空间产生深远的影响。

知识链接

菲尔兹奖

菲尔兹奖是以已故的加拿大数学家、教育家约翰·查尔斯·菲尔兹命名的。菲尔兹奖是最著名的世界性数学奖，也有人将其誉为数学领域的“诺贝尔奖”。第一次菲尔兹奖颁发于1936年，而后每4年一次。菲尔兹奖的一个最大特点是奖励年轻人，只授予40岁以下的数学家，即授予那些能对未来数学发展起到重大作用的人。菲尔兹奖是一枚金质奖章和1500万美元的奖金，奖章的正面是阿基米德的浮雕头像。

黎曼猜想

科普档案 ●**名称**:黎曼猜想●**提出学者**:德国数学家波恩哈德·黎曼●**提出时间**:1859 年

黎曼猜想提出:黎曼 ς 函数 ς(s) 非平凡零点(在此情况下是指 s 不为-2、-4、-6 等点的值)的实数部分是 1/2。t 为一实数,而 i 为虚数的基本单位。至今尚无人给出一个令人信服的关于黎曼猜想的合理证明。

黎曼猜想,20 世纪数学家所面对的一个重要难题。2000 年,美国克莱数学研究所开出 100 万美元的高额奖金悬赏破解将黎曼假设列为“世界七大数学难题”之一。黎曼猜想的提出者黎曼所创立的几何学成了现代宇宙论描述宇宙结构的重要数学工具,而黎曼猜想指数论的根本命题,使得其他简单而又深刻的数论之谜显得不那么重要。

几千年前人类就已知道 2,3,5,7,31,59,97 这些正整数。除了 1 及本身之外就没有其他因子,他们称这些数为素数,希腊数学家欧几里得证明了在正整数集合里有无穷多的素数。它们在纯数学及其应用中都起着重要作用。在所有自然数中,这种素数的分布并不遵循任何有规则的模式。然而,在证明素数定理的过程中,德国数学家黎曼提出了一个论断:Zeta 函数的零点都在直线 Res(s)=1/2 上。也就是说,素数的频率紧密相关于一个精心构造的所谓黎曼蔡塔函数 z(s)的性态。他在做了一番努力而未能证明后便放弃了,因为这对他证明素数定理影响不大。但这一问题至今仍然未能解决,甚至于比此假设简单的猜想也未能获证。在代数数论中的广义黎曼假设更是影响深远。若能证明黎曼假设,则可带动许多问题的解决。著名的黎曼假设断言,方程 z(s)=0 的所有有意义的解都在一条直线上。这点已经对于开始的 1500000000 个解验证过。证明它对于每一个有意义的解都成立将为围绕素数分布的许多奥秘带来光明。

□黎曼

黎曼是黎曼几何的创始人。他生在现在德国汉诺瓦一个小乡村（当时属于大英帝国）的清教徒家庭，他父亲是当地的牧师。他在读博士学位期间，研究的是复变函数。他把通常的函数概念推广到多值函数，并引进了多叶黎曼曲面的直观概念。他的博士论文受到了高斯的赞扬，也是他此后十年工作的基础，包括复变函数在 Abel 积分和 theta 函数中的应用，函数的三角级数表示，微分几何基础等。

黎曼猜想，首先由数学家波恩哈德·黎曼在 1859 年提出，是数学中其中一个最著名和最重要而又未解决的问题。一个世纪以来它仍未被解答，即使吸引着很多出色数学家为它苦恼。对比业余数学家，它对专业数学家更具吸引力。黎曼猜想(RH)是关于黎曼 ς 函数 ς（s)的根分布的猜想。黎曼 ς 函数在任何复数 s≠1 上也有定义。它在负偶数上也有零(i.e.当 s=-2，s=-4，s=-6，…)，这些也是“平凡零点”。黎曼猜想关心的，是非平凡零点，黎曼 ς 函数非平凡零点的实数部分也是 1/2，所以非平凡零点都应该位于直线 1/2+it 上，t 为一实数而 i 为虚数基本单位。沿临界线的黎曼 ς 函数有时通过 Z-函数进行研究，它的实零点对应于 ς 函数在临界线上的零点。

荷兰三位数学家利用电子计算机来检验黎曼的假设，他们对最初的 2 亿个齐打函数的零点检验，证明黎曼的假设是对的，他们在 1981 年宣布他们的结果，目前他们还继续用电子计算机检验底下的一些零点。在 1982 年 11 月苏联数学家马帝叶雪维奇在苏联杂志上宣布，他利用电脑检验一个与黎曼猜想有关的数学问题，可以证明该问题是正确的，从而反过来可以支持黎曼的猜想很可能是正确的。

这个简单的特殊函数在数学上有重大意义，正因为如此，黎曼猜想总是被当成数一数二的重要猜想。在这个猜想上稍有突破，就有不少重大成果。200 年前高斯提出的素数定理就是在 100 年前由于黎曼猜想的一个重大突破而证明的。当时只是证明复零点都在临界线附近，如果黎曼猜想被完全证明，整个解析数论将取得全面进展。黎曼猜想是当代数学中一个最重要而又未解决的问题，主要因为很多深入和重要的结果能在它成立的大前提下被证明。大部分数学家也相信黎曼猜想是正确的，约翰·恩瑟·李特尔伍德与塞尔伯格曾提出怀疑。塞尔伯格在晚年时降低了他的怀疑，他在1989年的一篇论文中猜测黎曼猜想对更广的一类函数也当成立。

也许，有一天我们会发现我们永远也解决不了这个猜想，因为这是宇宙的最后防线，但我们不会放弃。在哥德尔定理面前，希尔伯特的名言"我们必将知道"显得十分苍白，但它可以作为我们人类的本性继续指引我们去探索。当代数学最高端的东西仍然是纯粹数学，它正如一开始的数论那样"最清白、最无辜"(英国数学家)。尽管我们有了信仰，一切无用的数学最后终将"有用"，但这不是我们的追求，它是人类尊严的体现，有时候，是我们面对宇宙时可以引以为豪的唯一的东西。

更重要的是，在代数数论、代数几何、微分几何、动力系统理论等学科中都引入各种函数和它们的推广函数，它们各有相应的"黎曼猜想"，其中有的黎曼猜想已经得到证明，使得该分支获得突破性的进展。专家指出，黎曼假设一旦被攻克，将对加密学有帮助。其余的难题一旦破解，将会给航天、物理等领域带来突破性进展，并开辟全新的数学研究领域。

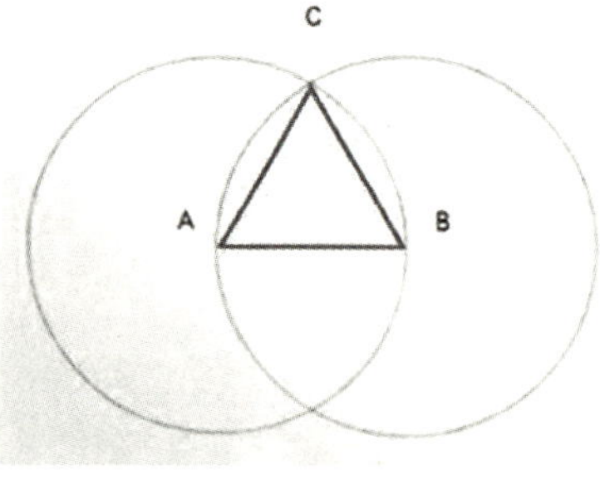

知识链接

欧氏几何

欧氏几何是欧几里得几何学的简称，其创始人是公元前三世纪的古希腊伟大数学家欧几里得。欧几里得在前人准备的"木石砖瓦"材料的基础上，按照逻辑系统把几何命题整理起来，建成了一座巍峨的几何大厦，完成了数学史上的光辉著作《几何原本》。这本书的问世，标志着欧氏几何学的建立。

四色猜想

科普档案 ●**名称**:四色猜想 ●**提出者**:英国人弗南西斯·格思里 ●**提出时间**:1852年

将平面任意地细分为不相重叠的区域，每一个区域总可以用1，2，3，4这四个数字之一来标记，而不会使相邻的两个区域得到相同的数字。”这就是由英国大学生古德里提出的著名的四色问题。

四色问题又称四色猜想,是世界近代三大数学难题之一。

四色问题的内容是:“任何一张地图只用四种颜色就能使具有共同边界的国家着上不同的颜色。”用数学语言表示,即“将平面任意地细分为不相重叠的区域,每一个区域总可以用1,2,3,4这四个数字之一来标记,而不会使相邻的两个区域得到相同的数字。”这里所指的相邻区域,是指有一整段边界是公共的。如果两个区域只相遇于一点或有限多点,就不叫相邻的。因为用相同的颜色给它们着色不会引起混淆。

四色猜想的提出来自英国。1852年,毕业于伦敦大学的弗南西斯·格思里来到一家科研单位搞地图着色工作时,发现了一种有趣的现象:“看来,每幅地图都可以用四种颜色着色,使得有共同边界的国家都被着上不同的颜色。”这个现象能不能从数学上加以严格证明呢?他和在大学读书的弟弟格里斯决心试一试。兄弟二人为证明这一问题而使用的稿纸已经堆了

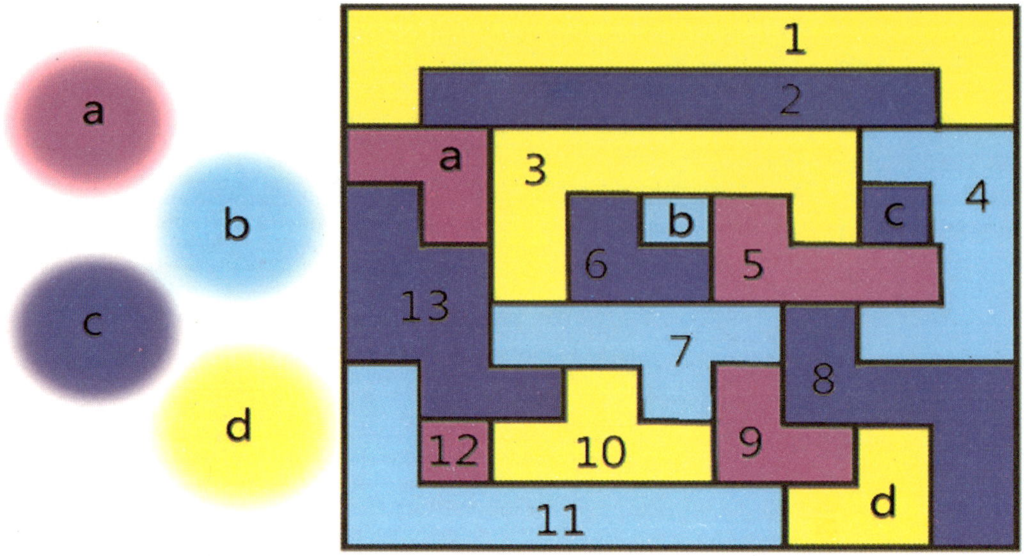

□四色问题

一大沓，可是研究工作没有进展。1852年10月23日，他的弟弟就这个问题的证明请教了他的老师、著名数学家德·摩尔根，摩尔根也没有能找到解决这个问题的途径，于是写信向自己的好友、著名数学家汉密尔顿爵士请教。汉密尔顿接到摩尔根的信后，对四色问题进行论证。但直到1865年汉密尔顿逝世为止，问题也没有能够解决。

1872年，英国当时最著名的数学家凯利正式向伦敦数学学会提出了这个问题，于是四色猜想成了世界数学界关注的问题。世界上许多一流的数学家都纷纷参加了四色猜想的大会战。1878~1880年两年间，著名的律师兼数学家肯普和泰勒两人分别提交了证明四色猜想的论文，宣布证明了四色定理，大家都认为四色猜想从此也就解决了。

肯普的证明是这样的：首先指出如果没有一个国家包围其他国家，或没有三个以上的国家相遇于一点，这种地图就说是“正规的”，否则为非正规地图。一张地图往往是由正规地图和非正规地图联系在一起，但非正规地图所需颜色种数一般不超过正规地图所需的颜色，如果有一张需要五种颜色的地图，那就是指它的正规地图是五色的，要证明四色猜想成立，只要证明不存在一张正规五色地图就足够了。肯普是用归谬法来证明的，大意是如果有一张正规的五色地图，就会存在一张国数最少的“极小正规五色地图”，如果极小正规五色地图中有一个国家的邻国数少于六个，就会存在一张国数较少的正规地图仍为五色的，这样一来就不会有极小五色地图的国数，也就不存在正规五色地图了。这样肯普就认为他已经证明了“四色问题”，但是后来人们发现他错了。不过肯普的证明阐明了两个重要的概念，对以后问题的解决提供了途径。第一个概念是“构形”。他证明了在每一张正规地图中至少有一国具有两个、三个、四个或五个邻国，不存在每个国家都有六个或更多个邻国的正规地图，也就是说，由两个邻国、三个邻国、四个或五个邻国组成的一组“构形”是不可避免的，每张地图至少含有这四种构形中的一个。肯普提出的另一个概念是“可约”性。“可约”这个词的使用是来自肯普的论证。他证明了只要五色地图中有一国具有四个邻国，就会有国数减少的五色地图。自从引入“构形”“可约”概念后，逐步发展了检查构形以决定是否可约的一些标准方法，能够寻求可约构形的不可避免组，是证明“四色问题”的重要依据。但要证明大的构形可约，需要检查大量的细节，这是相当复杂的。

11 年后，即 1890 年，在牛津大学就读的年仅 29 岁的赫伍德以自己的精确计算指出了肯普在证明上的漏洞。他指出肯普说没有极小五色地图能有一国具有五个邻国的理由有破绽。不久，泰勒的证明也被人们否定了。人们发现他们实际上证明了一个较弱的命题——五色定理。就是说对地图着色，用五种颜色就够了。后来，越来越多的数学家虽然对此绞尽脑汁，但一无所获。于是，人们开始认识到，这个貌似容易的题目，其实是一个可与费马猜想相媲美的难题。

□美国著名数学家伯克霍夫

四色定理

进入20世纪以来，科学家们对四色猜想的证明基本上是按照肯普的想法在进行。1913年，美国著名数学家、哈佛大学的伯克霍夫利用肯普的想法，结合自己新的设想，证明了某些大的构形可约。后来美国数学家富兰克林于1939年证明了22国以下的地图都可以用四色着色。1950年，有人从22国推进到35国。1960年，有人又证明了39国以下的地图可以只用四种颜色着色；随后又推进到了50国。看来这种推进仍然十分缓慢。

高速数字计算机的发明，促使更多数学家对“四色问题”展开研究。从1936年就开始研究四色猜想的海克，公开宣称四色猜想可用寻找可约图形的不可避免组来证明。他的学生丢雷写了一个计算程序，海克不仅能用这个程序产生的数据来证明构形可约，而且描绘可约构形的方法是从改造地图成为数学上称为“对偶”形着手。他把每个国家的首都标出来，然后把相邻国家的首都用一条越过边界的铁路连接起来，除首都（称为顶点）及铁路（称为弧或边）外，擦掉其他所有的线，剩下的称为原图的对偶图。到了20世纪60年代后期，海克引进一个类似于在电网络中移动电荷的方法来求构形的不可避免组。在海克的研究中第一次以颇不成熟的形式出现的“放电法”，这对以后关于不可避免组的研究是个关键，也是证明四色定理的中心要素。电子计算机问世以后，由于演算速度迅速提高，加之人机对话的出现，大大加快了对四色猜想证明的进程。美国伊利诺斯大学数学家哈肯在1970年着手改进“放电过程”，后与阿佩尔合作编制一个很好的程序。就在1976年6月，他们在美国伊利诺斯大学的两台不同的电子计算机上，用了1200个小时，作了100亿判断，终于完成了四色定理的证明，轰动了世界。

这是100多年来吸引许多数学家与数学爱好者的大事，当两位数学家将他们的研究成果发表的时候，当地的邮局在当天发出的所有邮件上都加盖了“四色足够”的特制邮戳，以庆祝这一难题获得解决。

“四色问题”的被证明仅解决了一个历时100多年的难题，而且成为数学史上一系列新思维的起点。在“四色问题”的研究过程中，不少新的数学理论随之产生，也发展了很多数学计算技巧。如将地图的着色问题化为图论问题，丰富了图论的内容。不仅如此，“四色问题”在有效地设计航空班机日程表、设计计算机的编码程序上都起到了推动作用。

不少数学家并不满足于计算机取得的成就，他们认为应该有一种简洁明快的书面证明方法。直到现在，仍有不少数学家和数学爱好者在寻找更简洁的证明方法。

知识链接

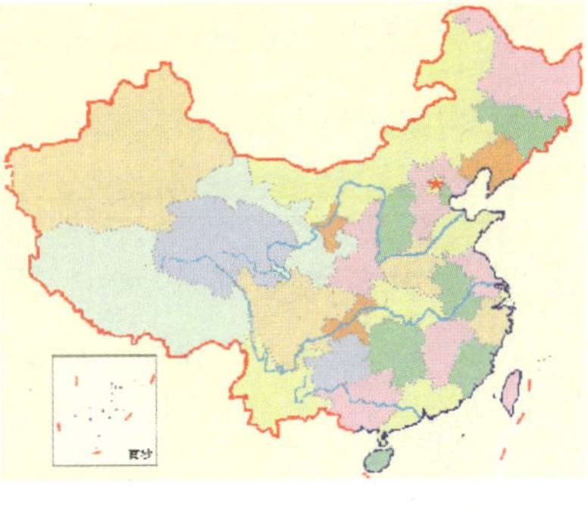

地图要素

地图要素指构成地图的基本内容，包括数学要素、地理要素和整饰要素（也称辅助要素），又通称地图“三要素”。数学要素指构成地图的数学基础。例如比例尺、控制点、坐标网等。地理要素是指地图上表示的具有地理位置、分布特点的自然现象和社会现象。整饰要素主要指便于读图和用图的某些内容。例如图名、图号、图例和地图资料说明，以及图内各种文字、数字注记等。

哥德巴赫猜想

科普档案 ●**名称:**哥德巴赫猜想 ●**提出学者:**德国数学家哥德巴赫 ●**提出时间:**1742 年

德国数学家哥德巴赫于 1742 年 6 月 7 日在给数学家欧拉的信中提出，任一大于 2 的整数都可写成三个质数之和，这一猜想被称作哥德巴赫猜想。今日常见的猜想陈述为欧拉的版本，即任一大于 2 的偶数都可写成两个素数之和。

哥德巴赫猜想是世界近代三大数学难题之一，最先由哥德巴赫提出。

哥德巴赫猜想实际是说，任何一个大于 3 的自然数 n 都有一个 x，使得 n+x 与 n−x 都是素数，因为，(n+x)+(n−x)=2n。这是一种素数对自然数形式的对称，代表一种秩序，它之所以意味深长，是因为素数这种似乎杂乱无章的东西被人们用自然数 n 对称地串联起来，正如牧童一声口哨就把漫山遍野乱跑的羊群唤在一起，它使人心晃神移，又像生物基因 DNA，呈双螺旋结构绕自然数 n 转动，人们从玄虚的素数看到了淳朴而又充满青春的一面。对称不仅是视觉上的美学概念，它还意味着对象的统一。

□德国数学家哥德巴赫

1742 年，哥德巴赫在教学中发现，每个不小于 6 的偶数都是两个素数（只能被 1 和它本身整除

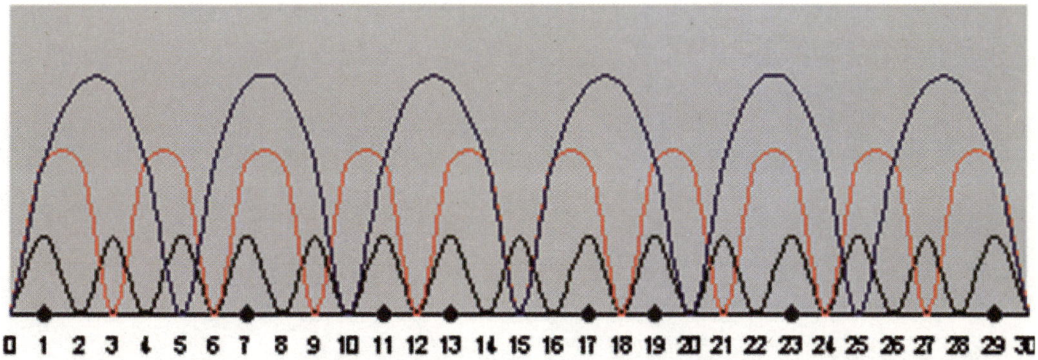

□哥德巴赫猜想

的数)之和。如 6=3+3,12=5+7 等等。公元 1742 年 6 月 7 日哥德巴赫写信给当时的大数学家欧拉,欧拉在 6 月 30 日给他的回信中说,他相信这个猜想是正确的,但他不能证明。叙述如此简单的问题,连欧拉这样首屈一指的数学家都不能证明,这个猜想便引起了许多数学家的注意。从哥德巴赫提出这个猜想至今,许多数学家都不断努力想攻克它,但都没有成功。当然曾经有人做了些具体的验证工作,例如：6 = 3 + 3, 8 = 3 + 5, 10 = 5 + 5 = 3 + 7, 12 = 5 + 7, 14 = 7 + 7 = 3 + 11,16 = 5 + 11, 18 = 5 + 13……有人对 33×108 以内且大过 6 之偶数一一进行验算,哥德巴赫猜想都成立。世界上许许多多的数学工作者,殚精竭虑,费尽心机。哥德巴赫猜想的历史实际上是科学史上最传奇的历史。

哥德巴赫猜想的第一个问题又叫奇数的猜想,第二个问题又叫偶数的猜想。实际上第一个问题的正确解法可以推出第二个问题的正确解法,因为每个大于 7 的奇数显然可以表示为一个大于 4 的偶数与 3 的和。哥德巴赫猜想引起了成千上万的数学家对它的兴趣,人们很想摘到这颗“明珠”。

直到 20 世纪 20 年代,对于偶数猜想,才有人开始向它靠近。1920 年挪威数学家布朗用一种古老的筛选法证明,得出了一个结论:每一个比 6 大的偶数 n(不小于 6)都可以表示为九个质数的积加上九个质数的积,简称 9+9。需要说明的是,这个 9 不是确切的 9,而是指 1,2,3,4,5,6,7,8,9 中可能出现的任何一个,又称为“殆素数”,意思是很像素数,与哥德巴赫猜想没有实质的联系。这种缩小包围圈的办法很管用,科学家们于是从 9+9 开始,

□中国著名数学家陈景润

逐步减少每个数里所含质数因子的个数，直到最后使每个数里都是一个质数为止，这样就证明了哥德巴赫猜想。从 1920 年到 1937 年，外国和中国的一些数学家先后证明了“7+7”“6+6”“5+7”、“4+9”、“3+15”和“2+366”等命题。哥德巴赫猜想的论证进展缓慢，但是已有了一定的成果，这使得后人一直没有放弃努力。1937 年，苏联数学家维诺格拉多夫利用他独创的“三角和”方法证明了每个充分大的奇数可以表示为 3 个奇质数之和，基本上解决了第二个问题，但是第一个问题仍未完全解决。由于问题实在太困难了，数学家们开始研究较弱的命题：每个充分大的偶数可以表示为质因数个数分别为 m、n 的两个自然数之和，简记为“m+n”。这个迂回战术又给数学家们以很大的帮助。20 世纪 30 年代数学家们又证明了“5+5”“4+4”“1+c”，其中 c 是一个很大的自然数。1956 年，中国的王元证明了“3+4”。1957 年，中国的王元先后证明了“3+3”和“2+3”。1962 年，中国的潘承洞和苏联的巴尔巴恩证明了“1+5”，中国的王元证明了“1+4”。中国的学者对哥德巴赫猜想的证明做出了巨大的贡献，这是有目共睹的。

1965 年，苏联的布赫夕太勃和小维诺格拉多夫，以及意大利的朋比利证明了"1+3"。

1966年，中国的陈景润证明了"1+2"。这一结果被称为"陈氏定理"，至今仍是最好的结果。陈景润的杰出成就不仅使他得到广泛赞誉，也显示了以陈景润为代表的一大批中国数学家的实力和他们不畏艰险、坚持不懈的精神。至此，中国在哥德巴赫猜想的证明上处于领先地位，得到了世界数学界的认可。

提出问题，而后解决问题。找出疑难，然后攻克它，科学就是这样一步一步越走越远。现在，还有"1+1"的证明没有解决。谁能攻克"1+1"这个难题呢？让我们拭目以待。

知识链接

陈氏定理

陈氏定理："任何充分大的偶数都是一个质数与一个自然数之和，而后者仅仅是两个质数的乘积。"通常都简称这个结果为大偶数可表示为"1 + 2"的形式。"充分大"是陈景润教授指10的500000次方，即在1的后面加上500000个"0"，是一个目前无法检验的数。所以，保罗赫夫曼在《阿基米德的报复》一书的第35页写道："充分大和殆素数是个含糊不清的概念。"

费马数猜想

科普档案 ●**名称:**费马数猜想●**提出学者:**法国数学家、近代数论之父费马●**提出时间:**17世纪30年代

费马猜想又称费马大定理或费马问题，是数论中最著名的世界难题之一。若用不定方程来表示，费马猜想即：当 n>2 时，不定方程 xn+yn =zn 没有 xyz≠0 的整数解。

□法国数学家费马

费马数最先由费马提出,让我们先从费马说起。

费马，最初从事律师职业,空闲时间钻研数学。时间的多少并不能决定成绩的大小。虽然费马从三十岁才开始认真研究数学,但是他取得的成绩不亚于一流的数学大师。他在几何学、概率论、微积分和数论等众多数学领域里都留下了自己的足迹，尤其在数论方面,奠定了近代数论的基础,被称为“近代数论之父”。

在数学的研究中,费马发现:

$F0=2^{2^0}+1=3$

$F1=2^{2^1}+1=5$

$F2=2^{2^2}+1=17$

$F3=2^{2^3}+1=257$

F4=2^{2^4}+1=65537

F5=2^{2^5}+1=4294967297

F6=2^{2^6}+1=274177×67280421310721

F7=2^{2^7}+1=59649589127497217× 5704689200685129054721

F8=2^{2^8}+1=1238926361552897 ×3461639715357977769163558199606896584051237541638188580280321

F9 = 2^{2^9} +1 =2424833 ×745560282564788420833739573620045491878366342657 × 7416400626275308015247871419019374740599407810975190239058213161444157595047050080928187116939407 37

当 n 取 0、1、2、3、4 时，式子+1 对应的值（3、5、17、257、65537）都是素数。于是费马认为形如+1 的数都是素数，但是费马没有找到证明的方法。这个猜测就是费马数猜想，并用 Fn 表示费马数。

费马数猜想是否正确呢？在没有找到推理方法之前，任何人都不能轻易下结论。费马没有证明就凭直觉做出判断，是否太轻率呢？但是不管怎样，费马数的研究还是吸引了很多人。

1732 年，即费马死后 67 年，25 岁的欧拉证明了 F5 是一个合数，从而说明费马的结论是不正确的。此后人们对更多的费马数进行了研究。6 年后，卢卡斯改进了欧拉的成果。

这一结论奠定了人们寻找大的费马合数的理论基础。20 世纪初，莫瑞汉德与韦斯坦证明 F7 是

□德国数学家高斯

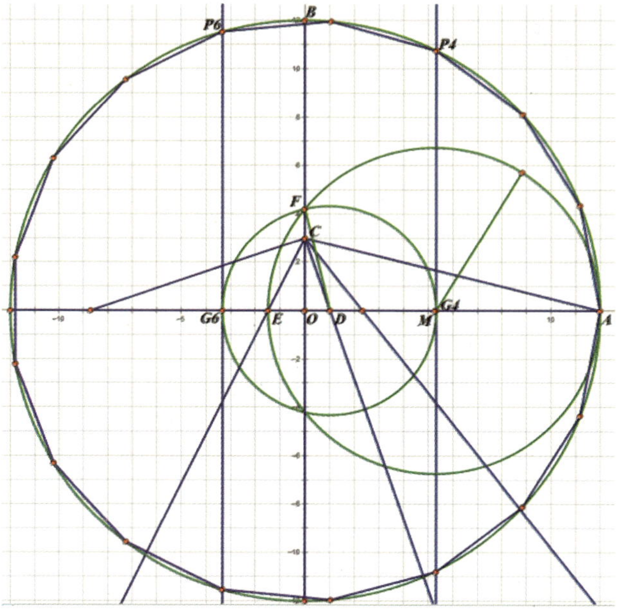

□正十七边形的尺规作图

合数。接着,这两位数学家利用同样的方法证明 F8 是合数。20 世纪 70 年代后期,威廉姆找到 F3310 的一个因子:5×3313+1,从而证明它是合数。20 世纪 80 年代初,人们找到 F9948 的一个因子:19×29450+1,从而证明它是合数……

随着电子计算机的发展,计算机成为数学家研究费马数的有力工具。但是,在所知的费马数中竟然没有再添加一个费马素数。迄今为止,费马素数除了被费马本人所证实的那五个外竟然没有再发现一个!如果再不可能发现费马素数,那么费马的猜测将是多么荒唐,费马真的错了吗?

18 世纪末,19 岁的高斯宣布他发现了正十七边形的尺规作图方法,这个发现不仅震惊了数学界,也给费马数的证明带来了希望。高斯继续研究得出了如下结论:具有素数 p 条边的正多边形可用尺规作图的必要条件是 p 为费马数。由于我们现在得到的费马素数只有前五个费马数,那么可用尺规作图完成的正素数边形就只有 3、5、17、257、65537。简单地说,能作出奇数边的正多边形数都是这五个费马数的组合。

“数学王子”高斯的结论对费马数的研究产生了历史性突破。此后，人们对费马数的证明重新燃起了兴趣。

借助计算机的帮助，人们得出费马数的许多新发现。如今，人们找到了具有 746190 位数的费马素因子：3×22478785+1，由此人们得到了截至目前最大的费马合数 F2478782。2003 年 11 月 1 日，有研究成果宣布：一个新的费马素因子 1054057×28300+1 被发现，这同时意味着又一个费马合数 F8293 的产生。

当然，费马数的研究还在继续。

知识链接

正十七边形的尺规作法

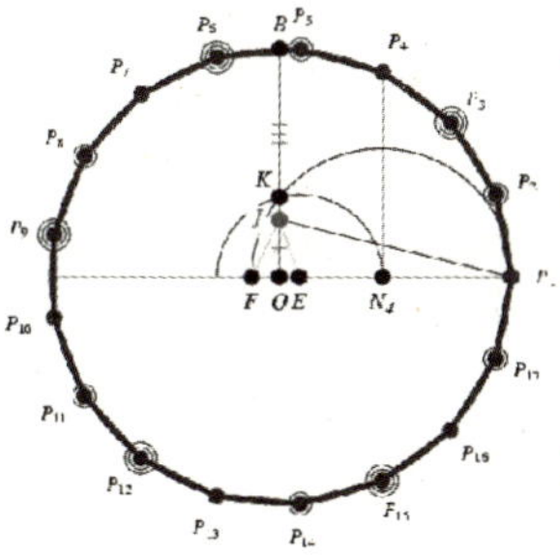

步骤一：给一圆 O，作两垂直的直径 OA、OB，作 C 点使 OC＝1/4OB，作 D 点使∠OCD＝1/4OCA，作 AO 延长线上 E 点使得∠DCE＝45 度。

步骤二：作 AE 中点 M，并以 M 为圆心作一圆过 A 点，此圆交 OB 于 F 点，再以 D 为圆心，作一圆过 F 点，此圆交直线 OA 于 G4 和 G6 两点。

步骤三：过 G4 作 OA 垂直线交圆 O 于 P4，过 G6 作 OA 垂直线交圆 O 于 P6，则以圆 O 为基准圆，A 为正十七边形之第一顶点，P4 为第四顶点，P6 为第六顶点。

以 1/2 弧 P4P6 为半径，即可在此圆上截出正十七边形的所有顶点。

角谷猜想

科普档案 ●**名称**：角谷猜想 ●**发现学者**：日本数学家角谷静夫 ●**发现时间**：1960 年

角谷猜想，又称为 3n+1 猜想、哈塞猜想、乌拉姆猜想或叙拉古猜想，是由日本数学家角谷静夫发现，是指对于每一个正整数，如果它是奇数，则对它乘 3 再加 1，如果它是偶数，则对它除以 2，如此循环，最终都能够得到 1。

“角谷猜想”又称“奇偶归一猜想”，或“3n+1 猜想”、“考拉兹猜想”、“哈塞猜想”、“乌拉姆猜想”或“叙拉古猜想”。它首先流传于美国，不久便传到欧洲，后来一位名叫角谷静夫的日本人又把它带到亚洲，因而人们就顺势把它叫作“角谷猜想”。其实，叫它“奇偶归一猜想”更形象，也更恰当。

为什么叫它“奇偶归一猜想”呢？意思是，它算来算去，数字上上下下，最后一下子回归到最小正整数，变成一个数字：“1”。

这个数学猜想的通俗说法是这样的：

任意给一个自然数 N，如果它是偶数，就将它除以 2，如果它是奇数，则对它乘 3 再加 1，即将它变成对任意的一个自然数施行这种演算手续，经有限步骤后，最后结果必然是最小的自然数 1。

对这个猜想，你不妨任意挑几个数来试一试：

若 N=9，则 9×3+1=28，28÷2=14，14÷2=7，7×3+1=22，22÷2=11，11×3+1=34，34÷2=17，17×3+1=52，52÷2=26，26÷2=13，13×3+1=40，40÷2=20，20÷2=10，10÷2=5，5×3+1=16，16÷2=8，8÷2=4，4÷2=2，2÷2=1。

你看，经过 19 个回合（这叫“路径长度”），最后变成了“1”。

若 N=120，则 120÷2=60，60÷2=30，30÷2=15，15×3+1=46，46÷2=23，23×3+1=70，70÷2=35，35×3+1=106，106÷2=53，53×3+1=160，160÷2=80，80÷2=

40，40÷2=20，20÷2=10，10÷2=5，5×3+1=16，16÷2=8，8÷2=4，4÷2=2，2÷2=1。

你看，经过20个回合，最后也仍然变成了“1”。

有一点更值得注意，假如N是2的正整数方幂，则不论这个数字多么庞大，它将“一落千丈”，很快地跌落到1。例如：

$N=65536=2^{16}$

则有：65536→32768→16384→8192→4096→2048→1024→512→256→128→64→32→16→8→4→2→1。

你看，它的路径长度为16，比9的还要小些。

我们说“1”是变化的最终结果，其实不过是一种方便的说法。严格地讲，应当是它最后进入了“1→4→2→1”的循环圈。

这一结果如此奇异，是令人难以置信的。曾经有人拿各种各样的数字来试，但迄今为止，总是发现它们最后都无一例外地进入“1→4→2→1”这个死循环。已经验证的最大数目，已达到1099511627776。

由于数学这门科学的特点，尽管有了如此众多的实例，甚至再试验下去，达到更大的数目，但我们仍不能认为“角谷猜想”已经获得证明，因此还只能称它为一个猜想。可想而知，要证明它或推翻它，都是很不容易的，要设法说出它的实质，也似乎是难上加难。

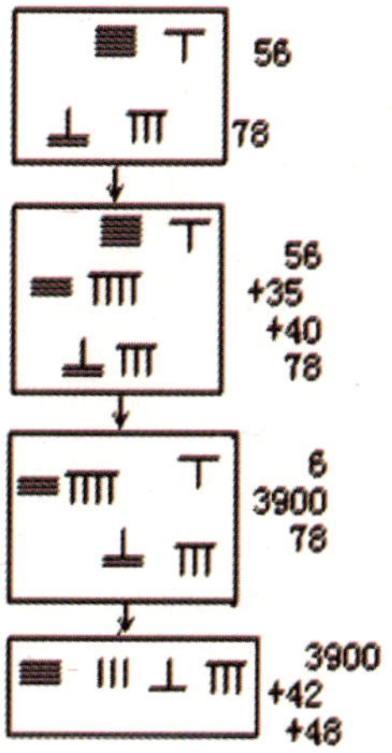

用算筹布置一数于上，一数于下，下数的末一位与上数的首位对齐；

以上数的首位乘下数各位，用算筹逐步将乘得的数置于上下两数的中间；

将上数的首位去掉，下数向右移一位，再用上数的第二位乘下数各位；

将乘得的数用算筹并入中间已得的积，直到上数各位一一去掉。

不仅如此，对于“角谷猜想”，人们在研究过程中或做出了改动，或进行了推广，得出的结果同样富有奇趣。比如，对于“角谷猜想”若作如下更动：

□著名学者盖伊

任给一个自然数，若它是偶数，则将它除以 2；若它是奇数，则将它乘以 3 再减 1。……如此下去，经过有限次步骤运算后，它的结果必然毫无例外地进入以下三个死循环：

①1→2→1；

②5→14→7→20→10→5；

③17→50→25→74→37→110→55→164→82→41→122→61→182→91→272→136→68→34→17。

角谷猜想的一个推广是克拉茨问题。

角谷猜想的"1→4→2→1"循环实际上是进行下列函数的迭代

$$C(x)=\begin{cases} x/2(x\text{ 是偶数}) \\ 3x+1(x\text{ 是奇数}) \end{cases}$$

问题是，从任意一个自然数开始，经过有限次函数 C 迭代，能否最终得到循环(4,2,1)，或者等价地说，最终得到 1。据说克拉茨在 1950 年召开的一次国际数学家大会上谈起过，因而许多人称之为克拉茨问题。但是后来也有许多人独立地发现过同一个问题，所以，从此以后也许为了避免引起问题的归属争议，许多文献称之为 3x+1 问题。

克拉茨问题吸引人之处在于 C 迭代过程中一旦出现 2 的幂，问题就解决了，而 2 的幂有无穷多个，人们认为只要迭代过程持续足够长，必定会碰到一个 2 的幂使问题以肯定形式得到解决。正是这种信念使得问题每到一处，便在那里掀起一股"3x+1 问题"狂热，不论是大学还是研究机构都不同程度地卷入这一问题。然而大家都未发现反例。题意如此清晰、明了、简单，连小学生都能看懂的问题，却难倒了 20 世纪许多大数学家。著名学者盖伊在介绍这一世界难题的时候，竟然冠以"不要试图去解决这些问题"为标题。

经过几十年的探索与研究，人们似乎接受了大数学家厄特希的说法："数学还没有成熟到足以解决这样的问题！"

知识链接

负数克拉茨

人们在对自然数进行 C 迭代研究的同时，又想道：如果迭代在整数集上进行，其结果又会如何呢？

当 x 为正整数时，如前所述出现循环(4，2，1)

当 x=0，出现循环(0)

当 x=–1，–2，–3，–4 时，最终出现循环(–1，–2).

当 x=–5，出现循环(–5，–14，–7，–20，–10).

当 x=–6，–7，...–16 时，最终出现循环(–1，–2)，(–5，–14，–7，–20，–10)

当 x=–17，出现循环(–17，–50，–25，–74，–37，–110，–55，–164，–82，–41，–122，–61，–182，–91，–272，–136，–68，–34)

对 x<–17 的数进行迭代，再未出现新的循环，于是，人们猜想：如果对全体整数进行 C 迭代，只能出现上述 5 个循环。

人们已经对 |x|<108 的负整数 x 进行了验算，证明猜想是正确的，但并没有得到一般情形的证明。

孪生素数猜想

科普档案 ●**名称:**孪生素数猜想 ●**提出学者:**波林那克 ●**提出时间:**1849 年

孪生素数有一个十分精确的普遍公式：若自然数 Q 与 Q+2 都不能被不大于根号（Q+2）的任何素数整除，则 Q 与 Q+2 是一对素数，称为相差 2 的孪生素数。1849 年，波林那克提出孪生素数猜想，即猜测存在无穷多对孪生素数。

1849 年,波林那克提出孪生素数猜想,即猜测存在无穷多对孪生素数。孪生素数是指一对素数，它们之间相差 2。例如 3 和 5,5 和 7,11 和 13,10016957 和 10016959 等等都是孪生素数。孪生素数猜想,即是否存在无穷多对孪生素数,是数论中未解决的一个重要问题。哈代—李特尔伍德猜想是孪生素数猜想的一个增强形式,猜测孪生素数的分布与素数定理中描述的素数分布规律相类似。

孪生素数是有限个还是有无穷多个？这是一个至今都未解决的数学难题,一直吸引着众多的数学家孜孜以求地钻研。早在 20 世纪初,德国数学家兰道就推测孪生素数有无穷多个，许多迹象也越来越支持这个猜想,最先想到的方法是使用欧拉在证明素数有无穷多个时所采取的方法,设所有的素数的倒数和为：

S=1/2+1/3+1/5+1/7+1/11+⋯

如果素数是有限个,那么这个倒数和自然是有限数。但是欧拉证明了这个和是发散的,即是无穷大,由此说明素数有无穷多个。1919 年,挪威数学家布隆仿照欧拉的方法,求所有孪生素数的倒数和：

B=(1/3+1/5)+(1/5+1/7)+(1/11+1/13)+⋯

如果也能证明这个和比任何数都大，就证明了孪生素数有无穷多个了。这个想法很好,可是事实却违背了布隆的意愿。他证明了这个倒数和是一个有限数,现在这个常数就被称为布隆常数:B=1.90216054…布隆还发现,对于任何一个给定的整数m,都可以找到m个相邻素数,其中没有一个孪生素数。

孪生素数有一个十分精确的普遍公式,是根据一个定理:"若自然数Q与Q+2都不能被不大于根号(Q+2)的任何素数整除,则Q与Q+2是一对素数,称为相差2的孪生素数。这一句话可以用公式表达:

Q=p1m1+b1=p2m2+b2=…=pkmk+bk (1)

其中p1,p2,…,pk表示顺序素数2,3,5,…。b≠0,b≠pi-2。(即最小剩余不能是0和pi-2。不能是2m,3m,5m,…,pkm形,不能是3m+1,5m+3,7m+5,…,pkm-2形)。若Q<P(2k+1)-2,则Q与Q+2是一对孪生素数。

例如,29,29和29+2不能被不大于根号(29+2)的任何素数2,3,5整除,29=2m+1=3m+2=5m+4,29<49-2(即7的平方减2)所以29与29+2是一对孪生素数。

上式可以用同余式组表示:

Q≡b1(modp1),Q≡b2(modp2),…,Q≡bk(modpk)(2)

由于(2)式的模p1,p2,…,pk两两互素,根据孙子(中国剩余)定理,对于给定的b值,(2)式在p1p2…pk范围内有唯一的解。例如29,29≡1(mod2),29≡2(mod3),29≡4(mod5)。29小于7的平方减2,即49-2。所以29是一个素数。29在2×3×5=30范围内有唯一解。

例如,k=1时,Q=2m+1,解得Q=3和5,5<3的平方减2,得知3与3+2,5与5+2是两对孪生素数。从而得到了3至3的平方区间的全部孪生素数。k=2时,Q=2m+1=3m+2。解得Q=5,11,17。17<5的平方减2,得知11与11+2,17与17+2是孪生素数对,从而得到5至5的平方区间的全部孪生素数。

k=3时,

|-5m+1-|-5m+2-|-5m+4-|

……

Q=2m+1=3m+2

=|–11–,–41–;|–17–|–29–|

……

从而求得了7至7的平方区间的全部孪生素数对。

k=4时,解得:

|–7m+1–|–7m+2–|–7m+3–|–7m+4–|–7m+6–|

Q=2m+1=3m+2=5m+1=|––71––|––191––|––101––|––11––|––41––|

Q=2m+1=3m+2=5m+2=|––197––|––107––|––17––|––137––|––167––|

Q=2m+1=3m+2=5m+4=|––29––|––149––|––59––|––179––|––209––|

……

求得了11至11平方区间的全部解。

仿此下去,可以求得任意给定的数以内的全部孪生素数,并且一个不漏地得到。注意,在k≥4时,利用表格,我们不需要通过计算,或者埃拉托塞尼筛法求得解,而是只要填写即可。表格的数字十分有规律。人类已经不依赖埃氏筛。可以通过组装或者克隆素数。这对大数密码是一个强烈的冲击。

由于b≠0,(1)、(2)式的本质就是从p1p2p3…pk中筛去p1m,p2m,…,pkm形的数k次;由于b≠pi–2,(1)、(2)式是从p1p2p3…pk中筛去p1m–2,p2m–2,p3m–2,…,pkm–2形的数k次,共筛2k次。

孪生素数猜想就是要证明(1)式或者(2)式在k值任意大时都有小于p(k+1)平方减2的解。利用(1)(2)式证明孪生素数猜想变得十分容易,希尔伯特等数学家都是这样认为的。

根据孙子定理得知,(1)、(2)式在p1p2p3…pk范围内有:

(2–1)×(3–2)×(5–2)×…×(pk–2)。(3)个解。

孪生素数的筛法就是在埃拉托塞尼的筛后再筛去pm–2型的数。

1966年，中国数学家陈景润在这方面得到最好的结果：存在无穷多个素数 p，使 p+2 是不超过两个素数之积。

若用 p(x)表示小于 x 的孪生素数对的个数，下表是1011以下的孪生素数分布情况：

x	p(x)
1000	35
10000	205
100000	1224
1000000	8169
10000000	58980
100000000	440312
1000000000	3424506
10000000000	27412679
100000000000	224376048

p(x)与 x 之间的关系是什么样的呢？1922年，英国数学家哈代和李特伍德提出一个数分布的猜想：

$p(x)\approx 2cx/(\ln x)2$

其中，常数 $c=(1-1/22)(1-1/42)(1-1/62)(1-1/102)\cdots$

即，对于每一个素数 p，计算 $(1-1/(p-1)2)$，再相乘。经过计算得知 $c\approx 0.66016$ 称为孪生素数常数，这个猜想如上所述有可能是正确的，但是至今也未获证明。

证明孪生素数猜想的另一类结果是估算性的，这类结果估算的是相邻素数之间的最小间隔，更确切地说是：

$$\Delta := \lim n\to\infty \inf[(pn+1-pn)/\ln(pn)]$$

这个表达式定义的是两个相邻素数之间的间隔与其中较小的那个素数的对数值之比在整个素数集合中所取的最小值。很显然孪生素数猜想如果成立，那么 Δ 必须等于 0，因为孪生素数猜想表明 pn+1−pn=2 对无穷多个 n 成立，而 ln(pn)→∞，因此两者之比的最小值对于孪生素数集合（从而对于整个素数集合也）趋于零。不过要注意 Δ=0 只是孪生素数猜想成立的必要条件，而不是充分条件。换句话说如果能证明 Δ≠0 则孪生素数猜想就不成立，但证明 Δ=0 却并不意味着孪生素数猜想就一定成立。

对于 Δ 最简单的估算来自于素数定理。按照素数定理，对于足够大的 x，在 x 附近素数出现的概率为 1/ln(x)，这表明素数之间的平均间隔为 ln(x)（这也正是 Δ 的表达式中出现 ln(pn) 的原因），从而(pn+1−pn)/ln(pn)给出的其实是相邻素数之间的间隔与平均间隔的比值，其平均值显然为 1。平均值为 1，最小值显然是小于等于 1，因此素数定理给出 Δ≤1。

“孪生素数猜想”与著名的“哥德巴赫猜想”是姐妹问题，它也是现代素数理论中的中心问题之一，谁能解决它（不论是证明或否定），必将成为名扬千古的历史人物。

2

30203

133020331

1713302033171

12171330203317121

151217133020331712151

1815121713302033171215181

16181512171330203317121518161

331618151217133020331712151816133

9333161815121713302033171215181613339

11933316181512171330203317121518161333911

知识链接

回文素数

回文素数是一个既是素数又是回文数的整数。最小的回文素数是 131，还有孪生素数 151，181，191，313，353，373，383，757，787，797 等等。回文素数与记数系统的进位制有关。目前还不知道在十进制中是否有无穷多个回文素数。已知最大的回文素数为 10 + 248797842 × 10 + 1，由哈维·杜布纳在 2007 年发现。在二进制中，回文素数包括梅森素数和费马素数。

卡迈克猜想

科普档案 ●**名称**:卡迈克猜想 ●**提出学者**:美国数学家卡迈克 ●**提出时间**:20世纪50年代

美国数学家卡迈克首先研究了能整除所有的 $a^{(n-1)}-1$ (a与n互素)的伪素数,即卡迈克数,他还得出一个判定卡迈克数的定则:n不包含平方因数;n是奇数,至少含有三个不同的素因数;n的每一个素因数,n−1能被p−1整除。

皮埃尔·德·费马于1636年发现了费马小定理,在一封1640年10月18日的信中他第一次使用了上面的书写方式。在他的信中费马还提出a是一个质数的要求,但是这个要求实际上是不存在的。与费马小定理相关的有一个中国猜想,其内容为:当且仅当 $2^{(p-1)}\equiv 1(\mathrm{mod}\,p)$,p是一个质数。

假如p是一个质数的话,则 $2^{(p-1)}\equiv 1(\mathrm{mod}\,p)$成立(这是费马小定理的一个特殊情况)是对的。但反过来,假如 $2^{(p-1)}\equiv 1(\mathrm{mod}\,p)$成立那么p是一个质数是不成立的(比如341符合上述条件但不是一个质数)。因此整个来说这个猜想是错误的。一般认为中国数学家在费马前2000年的时候就已经认识中国猜测了,但也有人认为实际上中国猜测是1872年提出的,认为它早就为人所知是出于一个误解。

众所周知,费尔马小定理的逆定理是不成立的,1819年,法国数学家沙路斯发现,虽然341整除2×341−2,但341是合数,341=11×31。这一反例表明费马小定理的逆定理不成立。1830年,一位匿名德国数学家指出更一般的构造反例的方法,他指出,只要能找到两个奇素数p和q,使它们的积pq能同时整除 $2^{(p-1)}-1$ 与 $2^{(q-1)}-1$,那么就可得到pq整除 $2^{(pq-1)}-1$。按此方法,人们发现除341外,还有561,645,1105,1389,1729,1905等也具有上述性质。于是,人们把能整除2n−2的合数n称为伪素数。1926年,普列特制成5000

万以内的伪素数表，1938 年他又推进上限到 1 亿，为此，有时伪素数亦被称为普列特数。

x	$x(x)$	$x/$	$x(x)/x$	$\pi(x)/1\mathrm{n}\ x/x$
1000	168	144.76···	0.168···	1.1605···
2000	303	263.12···	0.151···	1.1515···
5000	609	587.04···	0.133···	1.1396···
10000	1229	1085.73···	0.122···	1.1319···
50000	5133	4621.16···	0.102···	1.1107···
100000	9592	8685.88···	0.095···	1.1043···
500000	41538	38102.89···	0.083···	1.0901···

□素数分布

提出伪素数后自然就产生了类似素数的问题，并得到人们的研究。如伪素数有多少个？人们指出，伪素数有无穷多，1903 年麦洛用一个构造性方法对此加以证明。他证明了，若 n 是奇伪素数，那么，$m=2^{(n-1)}-1$ 也是奇伪素数，我们已知有奇伪素数 $n_0=341$，按此法就可以构造出无穷多的奇伪素数来。再如是否存在偶伪素数?1950 年，美国数学家 D.H.莱默尔找到了第一个偶伪素数 161038，161038=2×73×1103，73|(2161038−2)，1103|(216038−2)。1951 年，荷兰的毕格尔又找到了一个偶伪素数，并证明了存在无穷多个偶伪素数。

人们自然会想到，如果 n 能够整除一切形如 $a^{(n-1)}-1$(a 与 n 互素)的数，则 n 总该是素数。结果并不如此简单，竟然有这样的数 n，它能整除所有的 $a^{(n-1)}-1$(a 与 n 互素)。这种极端的伪素数就称为卡迈克数，因为美国数学家卡迈克首先研究了这种极端伪素数，他发现 561 能整除一切 $a^{(n-1)}-1$(a 与 n 互素)的数，但是 561=3×11×17，卡迈克还得出了一个判定卡迈克数的定则：(1)n 不包含平方因数；(2)n 是奇数，至少含有三个不同的素因数；(3)对于

n 的每一个素因数，n–1 能被 p–1 整除。例如，8911=7×19×67，显然满足条件(1)、(2)，7–1=6、19–1=18、67–1=66 都能整除 8911–1=8910，即满足条件(3)，故 8911 是卡迈克数。不超过 100000 的 16 个卡迈克数如下：561，1105，1729，2465，2821，6601，8911，10585，15841，29341，41041，46657，52633，62745，63973，75361。

一直困惑人们的问题是：(1) 如前述，以 a 为底的伪素数有无穷多，但同时以两个不同正整数 a，b 为底的伪素数是否也有无穷多？尚不知晓，甚至连 a=2，b=3 的特殊情形也没有解决。(2)卡迈克数是否有无穷多个？这就是有关卡迈克数的猜想。

谜一样的数字究竟引发了人们几多思考？它的未来与求证急切地需要你的参与。

x	$\pi(x)$	$\pi(x) - x/\ln(x)$	$\mathrm{Li}(x) - \pi(x)$	$x/\pi(x)$
10^{1}	4	0	2	2.500
10^{2}	25	3	5	4.000
10^{3}	168	23	10	5.952
10^{4}	1,229	143	17	8.137
10^{5}	9,592	906	38	10.430
10^{6}	78,498	6,116	130	12.740
10^{7}	664,579	44,159	339	15.050
10^{8}	5,761,455	332,774	754	17.360
10^{9}	50,847,534	2,592,592	1,701	19.670
10^{10}	455,052,511	20,758,029	3,104	21.980
10^{11}	4,118,054,813	169,923,159	11,588	24.280
10^{12}	37,607,912,018	1,416,705,193	38,263	26.590
10^{13}	346,065,536,839	11,992,858,452	108,971	28.900
10^{14}	3,204,941,750,802	102,838,308,636	314,890	31.200
10^{15}	29,844,570,422,669	891,604,962,452	1,052,619	33.510
10^{16}	279,238,341,033,925	7,804,289,844,392	3,214,632	35.810
$4 \cdot 10^{16}$	1,075,292,778,753,150	28,929,900,579,949	5,538,861	37.200

知识链接

伪素数及其发现

1819 年，萨鲁斯发现第一个伪素数 341。伪素数是指若 n 能整除 $2^{(n-1)}-1$，并且 n 是非偶数的合数，那么 n 就是伪素数。1903 年，麦洛证明：若 n 为伪素数，则 $m=2^{(n-1)}-1$ 也是一个伪素数，从而肯定了伪素数的个数是无穷的。

莱默猜想

科普档案 ●**名称**:莱默猜想 ●**提出学者**:美国著名数学家莱默 ●**提出时间**:1933 年

莱默猜想又称莱默的马勒测度问题，这是莱默于 1933 年提出的一个至今尚未被解决的数学问题。这个问题是关于单变量多项式的马勒测度的最小值问题。

莱默,20 世纪美国著名数学家。莱默的贡献主要在数论领域,他也是一位计算数学家。他对卢卡斯函数、连分式、伯努利数与多项式、丢番图方程、数值方程、解析数论、模形式、筛法以及计算技术等都有研究。他曾解决过数论中的不少问题,如大整数的分解与是否素数的检验,并发现了伪平方数。他第一个用电子计算机对黎曼 f 函数的根进行了大规模计算,得到了临界线上前 1 万个零点,后又增加到 2.5 千个零点。

莱默猜想究竟如何呢? 同余式 MM′=1modp……其中 p 为奇素数,它的解的情形与性质,显然是使用中国剩余定理的一个重要问题。从《孙子算经》到秦九韶《数书九章》中对一次同余式问题的研究成果,在 19 世纪中期开始受到西方数学界的重视。1852 年,英国传教士伟烈亚力向欧洲介绍了《孙子算经》的“物不知数”题和秦九韶的“大衍求一术”;1876 年,德国人马蒂生指出,中国的这一解法与西方 19 世纪高斯《算术探究》中关于一次同余式组的解法完全一致。从此,中国古代数学的这一创造逐渐受到世界学者的瞩目,并在西方数学史著作中正式被称为“中国剩余定理”。

关于中国剩余定理的一次同余式解法还有一个“韩信点兵”的故事。韩信是汉高祖刘邦手下的大将,他英勇善战,智谋超群,为汉朝建立了卓绝的功劳。据说韩信的数学水平也非常高超,他在点兵的时候,为了保住军事机密，不让敌人知道自己部队的实力，先令士兵从 1 至 3 报数，然后记下最后一个士兵所报之数；再令士兵从 1 至 5 报数，也记下最后一个士兵所报之数；最后令士兵从 1 至 7 报数，又记下最后一个士兵所报之数；这样，他很快就算出了自己部队士兵的总人数，而敌人则始终无法弄清他的部队究竟有多少名士兵。这个故事中所说的韩信点兵的计算方法，就是现在被称为“中国剩余定理”的一次同余式解法。它是中国古代数学家的一项重大创造，在世界数学史上具有重要的地位。

这里说的同余式 $MM'=1(\mathrm{modb})$……中的奇素数是指不能被 2 整除而且因数只有 1 和它本身的正整数。奇素数指的是奇数的质数。既是奇数，又是素数(质数)。比如 3,5,7,11……除了 2 以外，所有的素数(质数)都是奇素数。设 $M=np+r$，$M'=n'p+r'$，其中 $0<r<p$，$0<r'<p$，则有 $MM'=rr'(\mathrm{modp})$，因此解同余式 $MM'=1(\mathrm{modp})$，只需考虑 M 与 M' 介于 0 与 p 之间的解。例如，$p=13$ 时，对应的解有 $(M,M')=(1,1),(2,7),(3,9),(4,10),(5,8),(6,11),(7,2),(8,5),(9,3),(10,4),(11,6),(12,12)$。其中(1,1)是显而易见的，无论 p 为何值，(1,1)都是(1)式的解，称为平凡解。

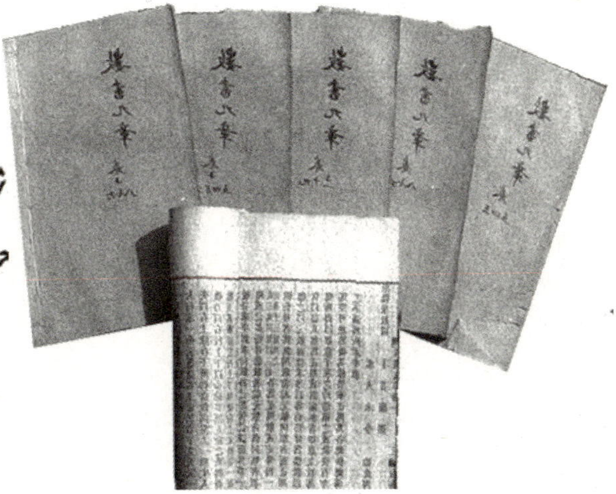

□秦九韶与《数书九章》

人们更关心非平凡解的性质。非平凡解是矩阵代数中的定义，$AX=0$，行列式$|A|\sim=0$，则 X 有非平凡解，否则，只有平凡解 $X=0$。因为任何线性空间的子空间都过零点，所以明显的等于 0 的时候解是成立的，但这显然没什么意义，说这个 0 解是平凡的，否则，就存在不平凡解了。

数学家莱默希望人们关注 M 与 M′的奇偶性相反的解，将其解的个数记为 np。例如，n13=6，即(2,7)，(5,8)，(6,11)，(7,2)，(8,5)，(11,6)。现在已经求出 n3=0，n5=2，n7=0，n11=4，n13=6，n17=10，n19=4，n23=12，n29=18，n31=4。莱默由此归纳出：当 $p=4n-1$ 时，np 能被 4 整除，即 np=0(mod 4)；当 $p=4n+1$ 时，np 被 4 除余 2，即 np=2(mod 4)。莱默不仅希望人们关注 M 与 M′的奇偶性相反的解，更希望人们从此爱上数学，爱上科学。这一猜想是否正确，尚未得知。

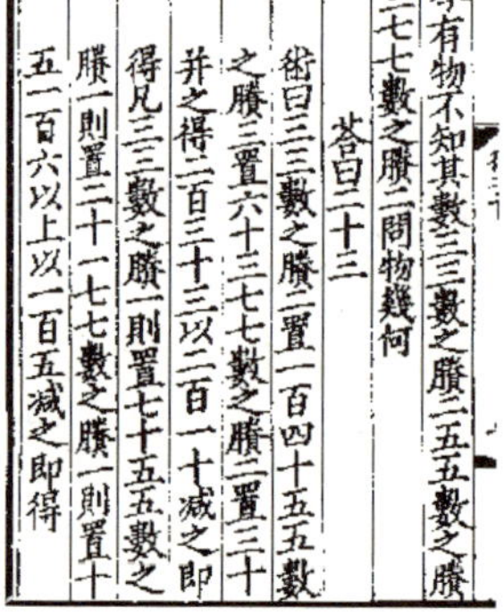
今有物不知其數三三數之賸二五五數之賸三七七數之賸二問物幾何
荅曰二十三
術曰三三數之賸二置一百四十五五數之賸三置六十三七七數之賸二置三十并之得二百三十三以二百一十減之即得凡三三數之賸一則置七十五五數之賸一則置二十一七七數之賸一則置十五一百六以上以一百五減之即得

知识链接

《数书九章》与中国剩余定理

真正从完整的计算程序和理论上解决《孙子算经》的“物不知数”题的，是南宋时期的数学家秦九韶。秦九韶在他的《数书九章》中提出了一个数学方法“大衍求一术”，系统地论述了一次同余式组解法的基本原理和一般程序。直到此时，由《孙子算经》“物不知数”题开创的一次同余式问题，才真正得到了一个普遍的解法，并上升到“中国剩余定理”的高度。

欧拉猜想

科普档案 ●**名称**:欧拉猜想 ●**提出学者**:瑞士著名数学家欧拉 ●**提出时间**:18世纪

欧拉猜想是由欧拉提出，从费马最后定理引出的猜想。这猜想是说对每个大于 2 的整数 n，任何 $n-1$ 个正整数的 n 次幂的和都不是某正整数的 n 次幂，也就是说以下不定方程无正整数解。

欧拉是18世纪最优秀的数学家，他在数论、几何学、天文数学、微积分等多个数学领域中都取得了出色的成就，一生著作颇丰，很是令人敬仰。

莱昂哈德·欧拉，1707年出生在瑞士的巴塞尔城，小时候他就特别喜欢数学，不满10岁就开始自学《代数学》。这本书连他的几位老师都没读过，可小欧拉却读得津津有味，遇到不懂的地方，就用笔作个记号，事后再向别人请教。13岁就进巴塞尔大学读书，这在当时是个奇迹，曾轰动了数学界。小欧拉是这所大学，也是整个瑞士大学校园里年龄最小的学生。在大学里得到当时最有名的数学家微积分权威约翰·伯努利的精心指导，并逐渐与其建立了深厚的友谊。约翰·伯努利后来曾这样称赞青出于蓝而胜于蓝的学生："我介绍高等分析时，他还是个孩子，而你将他带大成人。"两年后的夏天，欧拉获得巴塞尔大学的学士学位，次年，欧拉又获得巴塞尔大学的哲学硕士学位。1725年，青年欧拉开始了他的数学

□瑞士数学家莱昂哈德·欧拉

□印有欧拉头像的邮票

生涯。

在欧拉的一生当中，他曾经提出过很多问题，但有一个问题却让人难以忘记。内容为：从不同的6个军团各选6种不同军阶的6名军官共36人，排成一个6行6列的方队，使得各行各列的6名军官恰好来自不同的军团而且军阶各不相同，应如何排这个方队？如果用(1,1)表示来自第一个军团具有第一种军阶的军官，用(1,2)表示来自第一个军团具有第二种军阶的军官，用(6,6)表示来自第六个军团具有第六种军阶的军官，则欧拉的问题就是如何将这36个数对排成方阵，使得每行每列的数无论从第一个数看还是从第二个数看，都恰好是由1、2、3、4、5、6组成。历史上称这个问题为三十六军官问题。三十六军官问题提出后，很长一段时间没有得到解决，直到20世纪初才被证明这样的方队是排不起来的。尽管很容易将三十六军官问题中的军团数和军阶数推广到一般的n的情况，而相应的满足条件的方队被称为n阶欧拉方。

欧拉曾猜测：对任何非负整数t，n=4t+2阶欧拉方都不存在。t=1时，这就是三十六军官问题，而t=2时，n=10，数学家们构造出了10阶欧拉方，这说明欧拉猜想不对。但到1960年，数学家们彻底解决了这个问题，证明了

n=4t+2(t≥2)阶欧拉方都是存在的。这种方阵在近代组合数学中称为正交拉丁方,正交拉丁方是指两个n阶拉丁方在同一位置上的数依次配置成对时,如果这两个有序数对恰好各不相同(一般处理方法为把当中某些行或列对调),(这种相同即经过有限次旋转和镜像对称后不重合)。下面是两个互为正交的4阶拉丁方:

(4.1)(3.3)(2.4)(1.2)

(2.2)(1.4)(4.3)(3.1)

(1.3)(2.1)(3.2)(4.4)

(3.4)(4.2)(1.1)(2.3)

已经证明,除2、6阶外,其他阶拉丁方都存在正交拉丁方。由三十六军官问题引出的正交拉丁方是6阶的正交拉丁方。它在工农业生产和科学实验方面有广泛的应用。现已经证明,除了2阶和6阶以外,其他各阶3,4,5,7,8,……各阶正交拉丁方都是做得出来的。

问题终有它提出的依据和存在的必要,这需要我们不断地为之思考和努力。

知识链接

欧拉的成就

欧拉在数学、物理、天文、建筑以至音乐、哲学方面都取得了辉煌的成就。在数学的各个领域,常常见到以欧拉命名的公式、定理和重要常数。课本上常见的如π(1736年),i(1777年),e(1748年),sin和cos(1748年),tg(1753年),Δx(1755年),Σ(1755年),f(x)(1734年)等,都是他创立并推广的。哥德巴赫猜想也是在他与哥德巴赫的通信中提出来的。欧拉还首先完成了月球绕地球运动的精确理论,创立了分析力学。

回归数猜想

科普档案 ●**名称**:回归数猜想●**提出学者**:英国数学家哈代●**解答学者**:美国数学教师安东尼·迪拉那

英国数学家哈代发现过一种有趣现象：三位数等于其各位数字的三次幂之和，这种其值等于各位数字的 n 次幂之和的 n 位数，称为回归数。1986 年，美国数学教师安东尼·迪拉那巧妙地证明了使 n 位数成为回归数的 n 只有有限个。

有许多数具有这样一种有趣性质：它的十进制表示的各位数字，按照原顺序进行某些数学运算，又可以重新得到该数，这就是回归数，例如：

24=23+42

2427=21+42+23+74

81=(8+1)2

……

英国大数学家哈代曾经发现过一种有趣的现象：

53=13+53+33

371=33+73+13

370=33+73+03

407=43+03+73

他们都是三位数且等于各位数字的三次幂之和，这种巧合不能不令人感到惊讶。更为称奇的是，一位读者看过哈代的有趣发现后，竟然构造出其值等于各位数字四(五，六)次幂之和的四(五，六)位数：

1634=14+64+34+44

54748=55+45+75+45+85

548834=56+46+86+86+36+46

像这种其值等于各位数字的 n 次幂之和的 n 位数，称为 n 位 n 次幂回归数。本文只讨论这种回归数，故简称为回归数，人们自然要问：对于什么样的自然数 n 有回归数？这样的 n 是有限个还是无穷多个？对于已经给定的 n，如果有回归数，那么有多少个回归数？

□英国数学家哈代

1986 年美国的一位数学教师安东尼·迪拉那巧妙地证明了使 n 位数成为回归数的 n 只有有限个。

设 An 是这样的回归数，即：

An=a1a2a3…an=a1n+a2n+…+ann（其中 0≤a1，a2，…an≤9）

从而 10n−1≤An≤n 9n 即 n 必须满足 n9n>10n−1 也就是（10/9）n<10n。

随着自然数 n 的不断增大，（10/9）n 值的增加越来越快，很快就会使得（10/9）n<10n 式不成立，因此，满足（10/9）n<10n 的 n 不能无限增大，即 n 只能取有限多个。

进一步的计算表明：

（10/9）60=556.4798…<10×60=600

（10/9）61=618.3109…>10×61=610

对于 n≥61，便有（10/9）n >10n

由此可知，使(1)式成立的自然数 n≤60。故这种回归数最多是 60 位数。

迪拉那和他的学生们在 1975 年借助于哥伦比亚大学的计算机得到下列回归数：

一位回归数：1，2，3，4，5，6，7，8，9

二位回归数：不存在

三位回归数:153,370,371,407

四位回归数:1634,8208,9474

五位回归数:54748,92727,93084

六位回归数:548834

七位回归数:1741725,4210818,9800817

八位回归数:24678050,24678051

但是此后对于哪一个自然数 n(≤60)还有回归数?对于已经给定的 n,能有多少个回归数?最大的回归数是多少?这些问题还需要我们的探索与研究。

下面是 22 位以内的回归数

3	153
	370
	371
	407
4	1634
	8208
	9474
5	54748
	92727
	93084
6	548834
7	1741725
	4210818
	9800817
	9926315
8	24678050

24678051

88593477

9 146511208

472335975

534494836

912985153

10 4679307774

11 82693916578

44708635679

94204591914

32164049651

42678290603

40028394225

32164049650

49388550606

（共有八解，是现在发现解最多的一组。）

12 无解

13 无解 0564240140138（只有广义解一组）

14 28116440335967

15 无解

16 4338281769391371

4338281769391370

17 35641594208964132

21897142587612075

35875699062250035

23341115013231 7（广义解）

18 无解

19 4498128791164624869

4929273885928088826

3289582984443187032

1517841543307505039

20 1454339831148453271 3

6310542598859969391 6

21 1284686430437313912 52

44917739914603869 7307

22 无解

知识链接

线性回归

线性回归是利用数理统计中的回归分析，来确定两种或两种以上变数间相互依赖的定量关系的一种统计分析方法之一，运用十分广泛。分析按照自变量和因变量之间的关系类型，可分为线性回归分析和非线性回归分析。如果在回归分析中，只包括一个自变量和一个因变量，且二者的关系可用一条直线近似表示，这种回归分析称为一元线性回归分析。如果回归分析中包括两个或两个以上的自变量，且因变量和自变量之间是线性关系，则称为多元线性回归分析。

$$Y=\begin{pmatrix} y_1 \\ y_2 \\ \vdots \\ y_n \end{pmatrix} \qquad X=\begin{pmatrix} 1 & x_{11} & x_{12} & \cdots & x_{1p} \\ 1 & x_{21} & x_{22} & \cdots & x_{2p} \\ \vdots & \vdots & \vdots & \cdots & \vdots \\ 1 & x_{n1} & x_{n2} & \cdots & x_{np} \end{pmatrix}$$

$$\beta=\begin{pmatrix} \beta_0 \\ \beta_1 \\ \vdots \\ \beta_p \end{pmatrix} \qquad \varepsilon=\begin{pmatrix} \varepsilon_1 \\ \varepsilon_2 \\ \vdots \\ \varepsilon_n \end{pmatrix}$$

模糊数学

科普档案 ●**学科名称**:模糊数学●**研究内容**:模糊数学理论及应用、模糊语言学和模糊逻辑

模糊数学又称 FUZZY 数学,是研究和处理模糊性现象的一种数学理论和方法。模糊数学是一门新兴学科,它最重要的应用领域是计算机智能,不少人认为它与新一代计算机的研制有密切的联系。

20 世纪 60 年代,产生了模糊数学这门新兴学科。

现代数学是建立在集合论的基础上。集合论的重要意义就一个侧面看,在于它把数学的抽象能力延伸到人类认识过程的深处。一组对象确定一组属性,人们可以通过说明属性来说明概念(内涵),也可以通过指明对象来说明它。符合概念的那些对象的全体叫作这个概念的外延,外延其实就是集合。从这个意义上讲,集合可以表现概念,而集合论中的关系和运算又可以表现判断和推理,一切现实的理论系统都可能纳入集合描述的数学框架。但是,数学的发展也是阶段性的。经典集合论只能把自己的表现力限制在那些有明确外延的概念和事物上,它明确地限定:每个集合都必须由明确的元素构成,元素对集合的隶属关系必须是明确的,决不能模棱两可。对于那些外延不分明的概念和事物,经典集合论是暂时不去反映的,属于待发展的范畴。在较长时间里,精确数学及随机数学在描述自然界多种事物的运动规律中,获得显著效果。但是,在客观世界中还普遍存在着大量的模糊现象。以前人们回避它,但是,由于现代科技所面对的系统日益复杂,模糊性总是伴随着复杂性出现。各门学科,尤其是人文、社会学科及其他“软科学”的数学化、定量化趋向把模糊性的数学处理问题推向中心地位。更重要的是,随着电子计算机、控制论、系统科学的迅速发展,要使计算机

□大型计算机

能像人脑那样对复杂事物具有识别能力，就必须研究和处理模糊性。

我们研究人类系统的行为，或者处理可与人类系统行为相比拟的复杂系统，如航天系统、人脑系统、社会系统等，参数和变量甚多，各种因素相互交错，系统很复杂，它的模糊性也很明显。从认识方面说，模糊性是指概念外延的不确定性，从而造成判断的不确定性。在日常生活中，经常遇到许多模糊事物，没有分明的数量界限，要使用一些模糊的词句来形容、描述。比如，比较年轻、高个、大胖子、好、漂亮、善、热、远……在人们的工作经验中，往往也有许多模糊的东西。例如，要确定一炉钢水是否已经炼好，除了要知道钢水的温度、成分比例和冶炼时间等精确信息外，还需要参考钢水颜色、沸腾情况等模糊信息。因此，除了很早就有涉及误差的计算数学之外，还需要模糊数学。

人与计算机相比，一般来说，人脑具有处理模糊信息的能力，善于判断和处理模糊现象。但计算机对模糊现象的识别能力较差，为了提高计算机识别模糊现象的能力，就需要把人们常用的模糊语言设计成机器能接受的指令和程序，以便机器能像人脑那样灵活地做出相应的判断，从而提高自动识别和控制模糊现象的效率。这样，就需要寻找一种描述和加工模糊信息的数学工具，这就推动数学家深入研究模糊数学。所以，模糊数学的产生有其科学技术与数学发展的必然性。

1965 年，美国控制论专家、数学家查德发表了论文《模糊集合》，标志着模糊数学这门学科的诞生。模糊数学的研究内容主要有以下三个方面：

第一，研究模糊数学的理论，以及它和精确数学、随机数学的关系。查德以精确数学集合论为基础，并考虑到对数学的集合概念进行修改和推广。他提出用"模糊集合"作为表现模糊事物的数学模型，并在"模糊集合"上逐步建立运算、变换规律，开展有关的理论研究，就有可能构造出研究现实世界中的大量模糊现象的数学基础，能够对看来相当复杂的模糊系统进行定量的描述和处理的数学方法。在模糊集合中，给定范围内元素对它的隶属关系不一定只有"是"或"否"两种情况，而是用介于0和1之间的实数来表示隶属程度，还存在中间过渡状态。比如"老人"是个模糊概念，70岁的肯定属于老人，它的从属程度是1；40岁的人肯定不算老人，它的从属程度为0。按照查德给出的公式，55岁属于"老"的程度为0.5，即"半老"，60岁属于"老"的程度为0.8。查德认为，指明各个元素的隶属集合，就等于指定了一个集合。当隶属于0和1之间值时，就是模糊集合。

第二，研究模糊语言学和模糊逻辑。人类自然语言具有模糊性，人们经常接受模糊语言与模糊信息，并能做出正确的识别和判断。为了实现用自然语言跟计算机进行直接对话，就必须把人类的语言和思维过程提炼成数学模型，才能给计算机输入指令，建立合适的模糊数学模型，这是运用数学方法的关键。查德采用模糊集合理论来建立模糊语言的数学模型，使人类语言数量化、形式化。如果我们把合乎语法的标准句子的从属函数值定为1，那么，其他文法稍有错误，但尚能表达相仿的思想的句子，就可以用以0到1之间的连续数来表征它从属于"正确句子"的隶属程度。这样，就把模糊语言进行定量描述，并定出一套运算、变换规则。目前，模糊语言还很不成熟，语言学家正在深入研究。人们的思维活动常常要求概念的确定性和精确性，采用形式逻辑的排中律，即非真即假，然后进行判断和推理，得出结论。现有的计算机都是建立在二值逻辑基础上的，它在处理客观事物的确定性方面，发挥了巨大的作用，但是却不具备处理事物和概念的不确定性或模糊性的能力。为了使计算机能够模拟人脑高级智能的特点，就必须把计算机转到多值逻辑基础上，研究模糊逻辑。目前，模糊逻辑还很不成熟，尚须继续研究。

第三，研究模糊数学的应用。模糊数学是以不确定性的事物为其研究对象的。模糊集合的出现是数学适应描述复杂事物的需要，查德的功绩在于用模糊集合的理论找到解决模糊性对象加以确切化，从而使研究确定性对象的数学与不确定性对象的数学沟通起来，过去精确数学、随机数学描述感到不足之处，就能得到弥补。在模糊数学中，目前已有模糊拓扑学、模糊群论、模糊图论、模糊概率、模糊语言学、模糊逻辑学等分支。

模糊数学是一门新兴学科，它已初步应用于模糊控制、模糊识别、模糊聚类分析、模糊决策、模糊评判、系统理论、信息检索、医学、生物学等各个方面。在气象、结构力学、控制、心理学等方面已有具体的研究成果。然而模糊数学最重要的应用领域是计算机职能，不少人认为它与新一代计算机的研制有密切的联系。世界上发达国家正积极研究、试制具有智能化的模糊计算机，1986 年日本山川烈博士首次试制成功模糊推理机，它的推理速度是 1000 万次/秒。1988 年，我国汪培庄教授指导的几位博士也研制成功一台模糊推理机——分立元件样机，它的推理速度为 1500 万次/秒。这表明我国在突破模糊信息处理难关方面迈出了重要的一步。

模糊数学还远没有成熟，对它也还存在着不同的意见和看法，有待实践去检验。

知识链接

关于模糊性的讨论

20 世纪的大哲学家罗素在 1923 年一篇题为《含糊性》的论文里专门论述过我们今天称之为“模糊性”的问题，并且明确指出：“认为模糊知识必定是靠不住的，这种看法是大错特错的。”罗素的观点是超前的。因为模糊性理论是电子计算机时代的产物。正是这种十分精密的机器的发明与广泛应用，使人们更深刻地理解了精密性的局限，促进了人们对其对立面或者说它的“另一半”——模糊性的研究。

信息时代的组合数学

科普档案 ●**名称**：组合数学 ●**主要内容**：组合计数、组合设计、组合矩阵、组合优化等

组合数学是计算机出现以后迅速发展起来的一门数学分支。它的发展改变了传统数学中分析和代数占统治地位的局面，并奠定了21世纪计算机革命的基础。

组合数学，又称为离散数学，但有时人们也把组合数学和图论加在一起算成是离散数学。组合数学是计算机出现以后迅速发展起来的一门数学分支。计算机科学就是算法的科学，而计算机所处理的对象是离散的数据，所以离散对象的处理就成了计算机科学的核心，而研究离散对象的科学恰恰就是组合数学。

组合数学的发展改变了传统数学中分析和代数占统治地位的局面。现代数学可以分为两大类：一类是研究连续对象的，如分析、方程等；另一类就是研究离散对象的组合数学。组合数学不仅在基础数学研究中具有极其重要的地位，在其他的学科中也有重要的应用，如计算机科学、编码和密码学、物理、化学、生物等学科中均有重要应用。

微积分和近代数学的发展为近代的工业革命奠定了基础，而组合数学的发展则是奠定了计算机革命的基础。计算机之所以可以被称为电脑，就是因为计算机被人编写了程序，而程序就是算法，在绝大多数情况下，计算机的算法是针对离散的对象，而不是在作数值计算。正是因为有了组合算法才使人感到，计算机好像是有思维的。

组合数学不仅在软件技术中有重要的应用价值，在企业管理、交通规划、战争指挥、金融分析等领域都有重要的应用。在美国有一家用组合数学

命名的公司，他们用组合数学的方法来提高企业管理的效益，这家公司办得非常成功。此外，试验设计也是具有很大应用价值的学科，它的数学原理就是组合设计。用组合设计的方法解决工业界中的试验设计问题，在美国已有专门的公司开发这方面的软件。德国一位著名组合数学家利用组合数学方法研究药物结构，为制药公司节省了大量的费用，引起了制药业的关注。

在日常生活中我们常常遇到组合数学的问题。如果你仔细留心一张世界地图，你会发现用一种颜色对一个国家着色，那么一共只需要四种颜色就能保证每两个相邻的国家的颜色不同。这样的着色效果能使每一个国家都能清楚地显示出来。但要证明这个结论却是一个著名的世界难题，最终借助计算机才得以解决，最近人们才发现了一个更简单的证明。

我国古代的洛书上记载了三阶幻方，即把从一到九这九个数按三行三列的队形排列，使得每行、每列，以及两条对角线上的三个数之和都是15。组合数学中有许多像幻方这样精巧的结构。1977年美国旅行者1号、2号宇宙飞船就带上了幻方以作为人类智慧的信号。

当你装一个箱子时，你会发现要使箱子尽可能装满不是一件很容易的事，你往往需要做些调整。从理论上讲，装箱问题是一个很难的组合数学问题，即使用计算机也是不容易解决的。

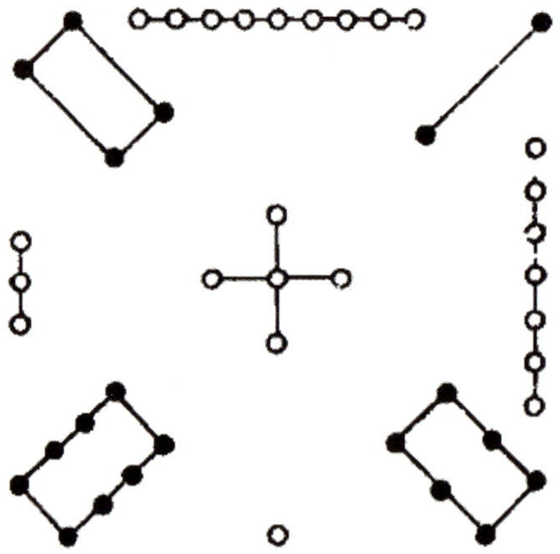
□洛书

在中小学的数学游戏中，有这样一个问题，一个船夫要把一只狼、一只羊和一棵白菜运过河。问题是当人不在场时，狼要吃羊，羊要吃白菜，而他的船每趟只能运其中的一个。他怎样才能把三者都运过河呢？这就是一个很典型、很简单的组合数学问题。我们还会遇到更复杂的调度和安排问题。例如，在生产原子弹的曼哈顿计划中，涉及很多工序，许多人员的安排，很多元件的生产，怎样安排各种人员的工作，以及各种工序间的衔接，从而使整个工期的时间尽可能短？这些都是组合数学的典型例子。

航空调度和航班的设定也是组合数学的问题。怎样确定各个航班以满足不同旅客转机的需要，同时也使得每个机场的航班起落分布合理。此外，在一些航班有延误等特殊情况下，怎样作最合理的调整，这些都是组合数学的问题。

对于城市的交通管理、交通规划，哪些地方可能是阻塞要地，哪些地方应该设单行道，立交桥建在哪里最合适，红绿灯怎样设定最合理，如此等等，全是组合数学的问题。

一个邮递员从邮局出发，要走完他所管辖的街道，他应该怎样选择路径，这就是著名的"中国邮递员问题"，由中国组合数学家管梅谷教授提出，著名组合数学家 J.Edmonds 和他的合作者给出了一个解答。

一个通信网络怎样布局最节省？美国的贝尔实验室和 IBM 公司都有世界一流的组合数学家在研究这个问题，这个问题直接关系到巨大的经济利益。

我们知道，用形状相同的方型砖块可以把一个地面铺满(不考虑边缘的情况)，但是如果用不同形状，而又非方形的砖块来铺一个地面，能否铺满呢？这不仅是一个与实际相关的问题，也涉及很深的组合数学问题。

组合数学中有一个著名问题：是否存在稳定婚姻的问题。假如能找到两对夫妇，如张(男)——李(女)和赵(男)——王(女)，如果张(男)更喜欢王(女)，而王(女)也更喜欢张(男)，那么这样就可能有潜在的不稳定性。组合数学的方法可以找到一种婚姻的安排方法，使得没有上述的不稳定情况出现(当然这只是理论上的结论)。

这种组合数学的方法却有一个实际的用途：美国的医院在确定录取住院医生时，他们将考虑申请者的志愿的先后次序，同时也给申请排序。按这样的次序考虑出的总的方案将没有医院和申请者两者同时后悔的情况。实际上，高考学生的最后录取方案也可以用这种方法。

组合数学还可用于金融分析、投资方案的确定，怎样找出好的投资组合以降低投资风险。南开大学组合数学研究中心开发出了“金沙股市风险分析系统”，现已投放市场，为短线投资者提供了有效的风险防范工具。

总之，组合数学无处不在，它的主要应用就是在各种复杂关系中找出最优的方案。所以组合数学完全可以看成是一门量化了的关系学，一门量化了的运筹学，一门量化了的管理学。组合数学不仅是传统的纯数学的一个分支，它还是一门应用学科，一门交叉学科。

如果 21 世纪是信息社会的世纪，那么 21 世纪也必将是组合数学大有可为的世纪。

知识链接

贝尔实验室

贝尔实验室是公认的当今通信界最具创造性的研发机构。其任务是提供技术以创建世界上最先进的电信系统。在过去的一个世纪中，贝尔实验室为全世界带来的创新技术与产品囊括了：第一台传真机、按键电话、蜂窝电话、通信卫星、高速无线数据系统、太阳能电池、数字信号处理器、单芯片、激光器和光纤、光放大器、密集波分复用系统、首次长途电视传输、高清晰度电视等。可以说，人类迈向文明的每一步都与贝尔实验室息息相关。